无中生有的世界

量子力学外传

吴京平 著

HISTORY OF QUANTUM MECHANICS

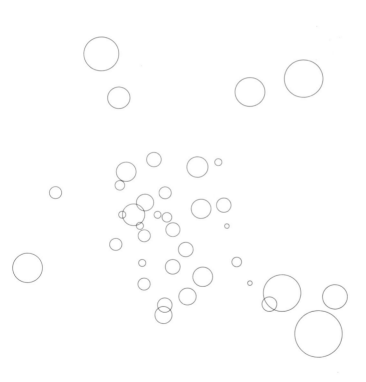

北京时代华文书局

图书在版编目（CIP）数据

无中生有的世界：量子力学外传 / 吴京平著 . -- 北京：北京时代华文书局，2018.7
ISBN 978-7-5699-2457-2

Ⅰ．①无… Ⅱ．①吴… Ⅲ．①量子力学—普及读物Ⅳ．① O413.1-49

中国版本图书馆 CIP 数据核字（2018）第 122163 号

无 中 生 有 的 世 界 ： 量 子 力 学 外 传
Wuzhongshengyou de Shijie : Liangzilixue Waizhuan

著　　者 | 吴京平

出 版 人 | 王训海
策划编辑 | 高　磊
责任编辑 | 鲍　静
装帧设计 | 程　慧　段文辉
责任印制 | 刘　银

出版发行 | 北京时代华文书局 http://www.bjsdsj.com.cn
　　　　　北京市东城区安定门外大街 136 号皇城国际大厦 A 座 8 楼
　　　　　邮编：100011　　电话：010 - 64267955　64267677
印　　刷 | 固安县京平诚乾印刷有限公司　　　　0316-6170166
　　　　　（如发现印装质量问题，请与印刷厂联系调换）
开　　本 | 880×1230mm　1/16　　印　张 | 17.25　　字　数 | 260千字
版　　次 | 2018 年 7 月第 1 版　　印　次 | 2018 年 7 月第 1 次印刷
书　　号 | ISBN 978-7-5699-2457-2
定　　价 | 58.00 元

目录/CONTENTS

01.化学元素表的诞生

1907年2月2日，圣彼得堡寒风凛冽，气温下降到了零下20多摄氏度。一群学生走在滴水成冰的街道上，为他们的老师举行葬礼。围观与随行的群众多达万人，阵容十分"豪华"。听过传统相声《白事会》的朋友可能知道，我国旧时有钱人出殡，阵仗也很豪华。队伍最前头走的往往是逝者的长子，抱着先人遗照；后边跟着的是亲朋好友；再后边是各种念经做法事的队伍，和尚、老道若干人等。吹鼓手也十分卖力气，唢呐的声音尤其富有个性，正所谓"喇叭声咽"，持续制造悲伤的气氛。但是欧洲人可没这么热闹，气氛是肃穆庄严，大家只是安静地走向墓地。最前方学生们举着的大横幅上既不是逝者的名字，也不是逝者的遗照，而是一系列的符号，上面写着H、Fe、Zn……

究竟是什么人的故去能引起这么大的阵势呢？那些奇怪的符号又是什么呢？现在只要学过中学化学的人都知道，那些符号是化学元素符号，H是氢，Fe是铁、Zn是锌……可出殡怎么还跟化学搭上边儿了呢？因为刚刚去世的就是俄罗斯伟大的化学家门捷列夫——元素周期表的发现者（图1-1）！

门捷列夫1834年出生在寒冷的西伯利亚，他的父亲是一所中学的校长，可惜在门捷列夫13岁的时候，他父亲就去世了。门捷列夫的母亲很坚强，独自拉扯着一群孩子长大成人。门捷列夫的兄弟姐妹太多了，一共有17个，足够开篮球联赛了。门捷列夫在家排行第十四，我们不妨尊称一声"十四爷"。门捷列夫的学业严重偏科，拉丁语尤其让他头痛，经常考试不及格。考不过毕不了业该怎么办呢？幸亏学校老师是他亲戚，这才勉强及格毕了业。毕业后，门捷列夫如同出笼之鸟一般，拉着几个同样不喜欢拉丁语的同学爬上了附近的小山，一把火把拉丁语课本给烧成了灰。哪里有考试，哪里就有烧课本，历史总是一遍一遍以不同的方式重演。

图1-1 雕像：门捷列夫和元素周期表

门捷列夫的母亲很不简单，古有孟母三迁，门捷列夫的母亲也不遑多让。本来丈夫一死，家里收入锐减，生活过得就很艰难了，而他母亲经营的玻璃厂又因为失火而倒闭，真是雪上加霜。但是她知道，再穷不能耽误孩子受教育。1894年，她决定变卖家产去两千公里以外的莫斯科，毕竟大城市的教育资源比较丰富；后来又辗转到了柏林、巴黎；最后来到了俄国首都圣彼得堡。门捷列夫也真不含糊，考上了医学院，在当时，医生和律师都是有前途的职业。可惜啊，门捷列夫上尸体解剖课的时候，直接晕过去了，不得不退学，看来他与医生这个职业没缘分。他父亲的校友——圣彼得堡高等师范学校的校长听说这件事后，便决定要帮门捷列夫。师范院校不收学费，门捷列夫家经济困难，读师范是再合适不过的了。作为交换，学生毕业以后要到指定的学校去当老师，这也是合情合理的事情。

1850年，门捷列夫就读师范院校的物理数学系，成绩出类拔萃。同年9月，门捷列夫的母亲病逝，门捷列夫决心更加发愤读书，获得了学校的金奖，1855年以第一名的成绩毕业。不幸的是，毕业之际他得了肺结核，在病床上躺了很长时间。在克里米亚养病期间，他读完了硕士课程。毕业以后，他去过好多地方的中学当老师，比如辛菲罗波尔、敖德萨，都在乌克兰那一片。他教的课程很杂，各种科目都教，自己还要搞科研写论文。门捷列夫家是造玻璃的，从小就跟硅酸盐打交道，所以他的论文也和硅酸盐有关系，比如《硅酸盐化合物的结构》。

1857年，门捷列夫被破格录用为圣彼得堡大学的化学讲师，可惜工资微薄，他不得不到处当家教补贴家用。不光是他，就连他的前辈齐宁教授当年初入职场时，也要兼职家教来补贴家用。有个瑞典来的工程师帮沙皇研制水雷，工程师的孩子也跟着来到俄国，齐宁就给这孩子当家教。这孩子真是聪明绝顶，十几岁就对化学非常在行。他的名字是阿尔弗雷德·诺贝尔，就是日后那个诺贝尔奖的设立者，著名的炸药大王。阿尔弗雷德·诺贝尔的父亲搞水雷研制，所以他在炸药行业的成就算是有家学渊源的了。理论上诺贝尔跟门捷列夫算是同门师兄弟关系，都是齐宁的学生。齐宁的学生里面还有个名人就是鲍罗丁，这位化学家在本职工作上的成就远不如在业余爱好上取得的成就出名，他是俄罗斯乐派"强力五人团"的成员，写了交响诗《在中亚细亚草原上》，歌剧《伊戈尔王子》。齐宁教授也对他们大力举荐提携，毕竟人才难得。

1859年至1861年间，门捷列夫被选拔去德国和法国留学。到国外游历了一圈后，门捷列夫最大的感受就是俄国太落后了，好多先进的仪器俄国都没有，即便是试管、烧瓶之类的器具都需要他自己动手去做。好在他家是开玻璃厂出身，做个烧瓶、试管并不费力。所以他在西欧见到著名化学家本生的时候，俩人聊得特别投缘，因为本生也擅长自己动手制造实验仪器。那个时代正是化学工业从无到有大发展的时代，化学工业的进步速度非常快，化学家特别容易变成实业家，比如诺贝尔，他家就是做实业的，大炮一响黄金万两，著名的武器公司博福斯公司就是他家开的。发明制碱法的索尔维后来也发了大财。后文中还会提到这两个人。

门捷列夫当时没想那么多，他就想在学校好好给学生们上课。他在大学里教授基础的无机化学。化学课一入门就要学习各种各样的化学元素。在1863年，科学家们已经发现了56种化学元素，平均每年都能发现一种新的化学元素。当时发现新元素还都是化学家的工作，哪能预料到若干年后被物理学家们抢了饭碗啊。这么多的元素，它们之间到底有什么联系呢？这个问题也不是没人想过。1829年，德国化学家德贝莱纳提出了"三元素组"观点，把当时已知的44种元素中的15种分成5组。元素的化学性质似乎表现出了周期性的规律。法国人德尚寇特斯提出了关于元素性质的"螺旋图"，德国的迈尔发表了"六元素表"。后来，英国的纽兰兹又提出元素化学性质是有周期的，每隔7种元素就会出现化学性质类似的情况，称为"八音律"。他在英国皇家学会做了个报告。大家听完了报告以后全乐了，说：你太"哏儿"了，你认为元素也是跟音阶一样，是do re mi fa so la ti吗？这不是胡扯嘛！你可算知道按照原子量排序了，你怎么不按照拉丁字母排序啊？纽兰兹的心灵遭受到严重打击。当时科学界并不认为这些元素之间有什么内在联系，化学性质相似不过是一种巧合罢了。当时凡是研究元素周期律的人，都不同程度地遭到冷嘲热讽。

门捷列夫也在潜心研究元素之间的联系和规律，但是周围的人，包括他的老师齐宁教授都不支持他。在他们看来，化学元素相互之间是没有什么联系的。门捷列夫从小爱玩牌，他做了很多卡片，每一张卡片上都写了元素的名称、原子量、化合物的化学式和主要性质。之后，他把卡片加以系统排列，先是把卡片分成三组，按元素的原子量大小排列，但毫无结果。他又打乱了这种组合，把它们排成几行，再把各行中性质相似的元素排成列……门捷列夫激动了，这样排列之后出现了他完全没有料到的情况——每一行元素的性质都是按照原子量的增大自上而下地逐渐变化。例如，锌的性质与镁相近，这两个元素便排在相邻的两行中，锌挨着镁。根据原子量，在同一行中紧挨着锌的应该是砷，如果把砷直接排在锌的后面，砷就落到铝的一行中去了。但是，这两个元素在性质上并不相近。如果把砷再往下排，它就和硅相邻。可是硅的性质又不同于砷的性质。这样，砷可以再往下排，排在磷的后面。元素的排列是有规律的！但是，在锌和砷之间还留有两个空位，这又如何解释呢？门捷列夫激动地设想，这些空位也许属于尚未被发现的元素，而它们的性质应与铝和硅很相近！他比纽兰兹更向前了一步，他发现，已知的60多种元素并不是连续排列的，中间空着好几格，应该还有没被发现的元素能够填进这些格子里。

门捷列夫在化学元素符号的简单排列中发现了规律，他把其他工作都放到了一旁，集中力量解决元素的排列问题，因为他发现表中元素的排列还不完善。

他把与之有关的各种学术杂志拿来，反复阅读、研究，发现杂志上关于某些化合物的性质和组成的材料常常相互矛盾。他认为，这是对原子量的测定不准确造成的，这也使得他的元素表中有些元素没能排在与其性质相符的位置上。

门捷列夫决定亲自进行实验。1862年，他对巴库油田进行考察时，着手重测了一些元素的原子量。经过半年的努力，他发现有些的确与别人的结论不符。他按照自己测定的元素的原子量把它们排在性质相近的元素行列中。

门捷列夫发现了元素有着清晰的系统性，元素的性质随着原子量的改变而改变。1869年3月，门捷列夫在他题为《元素性质与原子量的关系》的一篇论文中首次提出了元素周期律，就这样，世界上第一张元素周期表诞生了！

门捷列夫的元素周期表（图1-2）有67个格子，还有4个格子是空着的。门捷列夫预言并详细描述了当时科学界尚不知晓的三种元素——"类硼"、"类铝"和"类硅"的性质。但是各国同行们全都摇头晃脑地死不买账，他们一致指责元素周期表是纯粹的形式主义，只是为了便于研究而根据元素的近似性分了一下类，实际上毫无用处。

Reihen	Gruppe I. — R^2O	Gruppe II. — RO	Gruppe III. — R^2O^3	Gruppe IV. RH^4 RO^2	Gruppe V. RH^3 R^2O^5	Gruppe VI. RH^2 RO^3	Gruppe VII. RH R^2O^7	Gruppe VIII. — RO^4
1	H=1							
2	Li=7	Be=9,4	B=11	C=12	N=14	O=16	F=19	
3	Na=23	Mg=24	Al=27,3	Si=28	P=31	S=32	Cl=35,5	
4	K=39	Ca=40	—=44	Ti=48	V=51	Cr=52	Mn=55	Fe=56, Co=59, Ni=59, Cu=63.
5	(Cu=63)	Zn=65	—=68	—=72	As=75	Se=78	Br=80	
6	Rb=85	Sr=87	?Yt=88	Zr=90	Nb=94	Mo=96	—=100	Ru=104, Rh=104, Pd=106, Ag=108.
7	(Ag=108)	Cd=112	In=113	Sn=118	Sb=122	Te=125	J=127	
8	Cs=133	Ba=137	?Di=138	?Ce=140	—	—	—	— — — —
9	(—)	—	—	—	—	—	—	
10	—	—	?Er=178	?La=180	Ta=182	W=184	—	Os=195, Ir=197, Pt=198, Au=199.
11	(Au=199)	Hg=200	Tl=204	Pb=207	Bi=208	—	—	
12	—	—	—	Th=231	—	U=240	—	— — — —

图1-2 1871年版本的元素周期表

门捷列夫需要新元素的发现来证实他的预言，哪怕只证实一个也好，但他不知这会是多么漫长的等待。6年后的一天，门捷列夫在翻阅法国科学院院报时，看到一篇有关勒科克·德布瓦博德兰发现了一种叫作“镓”的新元素的文章。他迫不及待地读完了，新发现的元素的性质与门捷列夫预言的“类铝”的性质很相似。毫无疑问，这是一个伟大的胜利！不过，法国科学家勒科克测定镓的比重为4.7，而门捷列夫计算出的却是5.9。门捷列夫写信给勒科克，告诉他，从他所发现的镓的性质看，就是6年前自己预言的“类铝”，并且告诉勒科克，他所测定的镓的比重不对。

勒科克读了门捷列夫的信后，一脸懵圈，门捷列夫根本没有拿到这种元素，怎么能断定自己所测定的比重是不对的呢？不过，测比重还是很容易检验的，于是勒科克再次认真地进行了测量，结果他信服了，门捷列夫是对的！勒科克在读了6年前门捷列夫发表的关于周期律的论文后，才完全理解了自己的发现的意义：自己用实验方法证明了俄国科学家门捷列夫的预言，从而证实了门捷列夫元素周期表的正确性！镓的发现在科学家中间引起了更强烈的反响，门捷列夫和勒科克立即闻名全世界。科学家们为这一最初的胜利所鼓舞，开始探索门捷列夫预言的尚未被发现的另两种元素。欧洲的数十个实验室都在紧张地工作着，千百个科学家渴望获得不寻常的发现。

又过了4年，瑞典科学家尼尔森教授发现了一个新元素，它完全符合门捷列夫所描述的“类硼”，尼尔森把它叫作“钪”。门捷列夫的预言再次得到证实，俄国科学家的成就得到了世界的承认。1886年初，德国化学家文克勒发现了新元素"锗",又验证了门捷列夫的"类硅"元素的预言。

元素周期律获得公认后,各种荣誉潮水般涌向门捷列夫,他一夜间成了世界第一流的化学大师、俄国人民心中的科学英雄(图1-3)。他被多个国家的科学院聘为外籍院士。1882年,他与迈耶尔共同获得英国皇家学会的最高荣誉——戴维奖章。虽然门捷列夫的贡献巨大,但是他没能当上俄国科学院院士,因为他支持圣彼得堡的学生运动,愤然辞去圣彼得堡大学的职务,得罪了沙皇政府。齐宁去世之后,科学院空出一个院士的名额,教育部门的人给委员会施加压力,不许门捷列夫当选,最终赞同票对反对票为9:10。舆论哗然,沙皇政府被骂得狗血喷头,不得不重新推选门捷列夫为院士。但门捷列夫才不稀罕呢,他干脆拒绝加入。后来政府请他当"度量衡总局"局长,门捷列夫把国际单位制引进了俄国。海军又请他帮忙改进火药,谁叫他们1905年刚刚在旅顺口吃了败仗呢。门捷列夫为俄国而到处奔忙。

图1-3 门捷列夫纪念邮票

门捷列夫也没能得到诺贝尔奖,因为评审委员会有个科学家跟门捷列夫有私人恩怨,这个人叫作阿累尼乌斯,他提出了溶液的电离学说。正因为他提出了电离学说,毕业论文迟迟通不过,毕不了业。他的导师认为他是胡说八道，可是国际上知名的学术大腕儿可是很看得起这个毕不了业的学生，甚至到学校来看他，这可把他的导师给吓得不轻。阿累尼乌斯自己当年也是学术压制的受害者，当权以后却也学会了挟私报复别人。正是他从中作梗，导致赞同票对反对票为4:5，门捷列夫没拿到诺贝尔奖。说到底，有人的地方就有江湖，这一年的诺贝尔奖颁发给了莫瓦桑。转过年来，大家觉得这一回总该轮到门捷列夫拿奖了吧，哪知道门捷列夫突然去世了。门捷列夫说过："天才就是这样，终身劳动，便成天才。"他真的工作到最后一刻，由于突然心梗发作，公历1907年2月2日（俄历1月20日），门捷列夫与世长辞。

门捷列夫只是发现了元素的周期律。随着原子量的增加，每隔一段就会出现元素性质近似的情况。但是元素周期律背后蕴含的规律是什么呢？大家并不知道。大自然哪里会轻易把自己的秘密透露给人类呢？那岂不是太便宜我们了。

就在大家惊叹门捷列夫元素周期表的神奇的时候，出麻烦了。英国剑桥大学当时的校长威廉·卡文迪许是正经八百的德文郡公爵。他家祖上有一位"科学怪人"叫亨利·卡文迪许，此人脾气古怪，也不结婚，深居简出地钻研科学，一辈子淡泊名利，从来不靠刷论文数量来体现自己的学术水平，留下的手稿倒是很丰富。他的后辈——第七代德文郡公爵威廉·卡文迪许当上了剑桥大学的校长，自己掏腰包建立了一座实验室，聘请当时的电磁学宗师麦克斯韦来执掌，这个职务就相当于剑桥大学物理系的系主任。麦克斯韦对卡文迪许的手稿很感兴趣，花了大量时间整理。1879年麦克斯韦去世以后，这一切都由瑞利男爵（本名约翰·斯特拉特，是第三代瑞利男爵）接班执掌。

瑞利男爵注意到了卡文迪许手稿里面记录的一件事。一个玻璃容器，倒扣在碱液里面，空气都聚集在顶部。伸进两个电极，打出电火花，空气中的氧气和氮气在电火花的作用下会形成二氧化氮。二氧化氮是酸性的，会被碱液吸收。空气中还会有少量二氧化碳，本身也是酸性的，也会被碱液吸收。随着不断放电，顶部空气越来越少，按理说空气里面也没什么其他成分了，最后应该被吸收得一点不剩，所有空气都会被消耗光。但是卡文迪许发现不是这样的，最后总有一个小气泡消除不掉。这是为什么呢？卡文迪许只是做了记录，并没有下结论。100年过去了，大家根本没注意这件事，但是瑞利男爵注意到了。他当时在测量各种气体的密度，别的气体密度测量结果都很准确，唯独氮气的密度老是测不准。（图1-4）

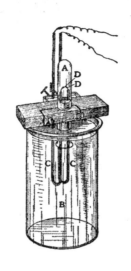

图1-4 卡文迪许使用的是原理类似的装置

　　获取纯净的氮气有两个办法，第一种是从含氮的化合物里面提取出氮气，第二种是清除掉空气里面的其他气体，那么也就只剩下氮气了。用这两种办法获得的氮气测量出来的密度居然是不同的，相差了1.2‰。瑞利男爵一个头两个大，这到底是为什么呢？这要是别人碰上，根本不当回事，可是瑞利男爵是个特别仔细的人，他总觉得这事不对劲。魔鬼总在细节里，很多科学发现都是在小数点后面好几位数的数值变化里挖出来的。他一次次重复试验，测出来的比重就是对不上。所以卡文迪许的手稿给了他一个启发，莫非空气中还有其他成分？

　　瑞利男爵自己搞不定，便广发英雄帖，看谁有兴趣来帮他。喊了半天，没人理他。后来一个叫拉姆塞的人蹦出来，表示自己有兴趣（图1-5）。这个拉姆塞用了别的办法。他让空气不断通过炽热的镁粉，镁粉很活泼，高温下会跟氧气和氮气发生作用。最后折腾来折腾去，总是留下个小气泡。这个小气泡到底是什么玩意？量太少，测定成分显然还不够，拉姆塞开始大规模地烧镁粉，最终把这种奇怪的气体收集了好几升，瑞利男爵自己也另外搞出了500毫升。这下好了，足够实验用了。他们想尽办法把这东西跟其他元素放在一起，加热也罢，放电也罢，人家就是刀枪不入，跟谁都不发生反应。这是何方神圣，居然有金刚不坏之身？拉姆塞一看，折腾不动这东西，那么就不得不把他老师最趁手的法宝请出来了。

图1-5 瑞利男爵和拉姆塞

　　拉姆塞的老师是谁啊？他老师叫基尔霍夫，是大名鼎鼎的物理学家。更重要的是基尔霍夫还有一位"好基友"（基尔霍夫的朋友，简称"基友"），就是前文中提到过的那位本生。这个本生擅长自己鼓捣化学仪器，缺个瓶瓶罐罐的，自己就能造。实验室普遍使用酒精灯，但是酒精灯的温度根本不够用，本生就开始利用煤气制作高温灯具。可本生造的煤气灯浓烟滚滚，根本不好使。恰好他的学生从英国带回了法拉第设计的新灯具，但是这个灯火焰小、温度低，仍然不够用。本生想到了改进方案，最后是彼得·迪斯德加按照本生的思想搞定了灯的改进，但名字还是叫"本生灯"（图1-6）。

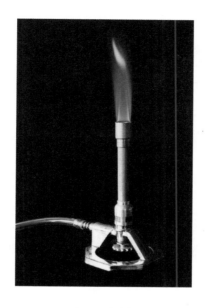

图1-6 本生灯

本生灯其实就是一种煤气灯，温度很高，能达到2300摄氏度，而且煤气灯的火焰颜色很淡，不会干扰实验。基尔霍夫和本生同在海德堡大学工作，那时本生正对一个现象着迷，就是不同的金属盐撒到本生灯上会出现五颜六色的火焰，非常美丽。本生发现，这些颜色好像跟金属元素有关系。比如你烧的是含钠的盐，发的就是黄色的光，烧的是含钙的盐，发的就是砖红色的光。本生越烧越兴奋，逮着什么烧什么。基尔霍夫在旁边看不下去了：别烧啦！你烧起来没完啦！

本生对基尔霍夫说，不同的颜色很可能代表不同的元素。基尔霍夫眼前一亮：真的吗？好像是这么回事啊，基尔霍夫脑子一转，人凭着主观印象描述颜色，是根本不靠谱的，要想精确描述光的颜色，只能依靠光谱分析。他跟本生一说，本生一拍大腿，说干就干。基尔霍夫立刻去找来三棱镜，两个人一顿敲打，造出了世界上第一台光谱仪（图1-7）。

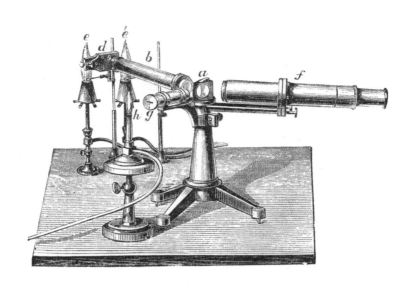

图1-7 光谱仪

图1-8 低压钠灯的光谱线

他们俩又是一通烧，把能烧的金属盐都找来烧一遍，大有收获。比如说钠盐的光谱，是两条黄色的谱线，不是连续光谱，谱线很窄。各种元素的谱线都不太一样（图1-8）。要是连续的光谱还不好辨认呢，现在一根根细细的谱线，那就好比是每个元素独有的条形码。本生还把一大把金属盐撒上去，考考基尔霍夫能不能根据光谱线反推出元素。连续测试了很多回，基尔霍夫总是回答得分毫不差。这两个人乐疯了，他们俩发现了一种鉴别元素的新方法，而且灵敏度很高，这是1859年的事。第二年，圆明园就被烧了。不由得感慨一下，都是人，差距咋就这么大呢……

就在1859年10月20日，他们俩向柏林科学院做了个报告。报告的题目别提多吓人了，他们居然说搞清楚了太阳上的元素组成。一帮科学家在台底下听着心里纳闷儿，你们俩啥时候去太阳上溜达了一圈啊？等他们俩把实验过程详细描述了一遍，大家不由得拍案叫绝。牛顿用三棱镜发现了光的色散，原来太阳光是可以分解成不同颜色的。后来德国的物理学家夫琅和费发明了光栅，这东西也能分解光谱，而且效果比三棱镜更好。他发现，太阳光的光谱里面有大量的暗线，他记录了600条之多。但是大家一直不知道这些暗线是从哪儿来的，又为什么会有暗线。本生和基尔霍夫发现，这些暗线跟某些元素发出的明线光谱是一一对应的。他们俩就此判断，夫琅和费线（图1-9）就是太阳里面化学元素的指纹。

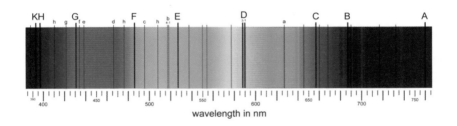

图1-9 夫琅和费线

基尔霍夫说，他们把能烧的全烧了，能找的全找了。太阳的600多条谱线跟地球上的元素是一一对应的。也就是说，宇宙里面的天体，成分应该大差不差。天体物理由此进入了新阶段。人类现在可以用光谱来分析物质的组成元素了。

翻回头来再说瑞利男爵和拉姆塞。他们实在没辙了，新发现的这种气体刀枪不入，随便你怎么折腾，它都不与其他元素发生反应。拉姆塞想起老师基尔霍夫的光谱仪来了。但是他老师一直是烧金属盐来测定光谱，气体该怎么办呢？这东西没法拿到火焰上烧啊。这也难不倒科学家们，他们发明了一种办法，在气体瓶子里放电，用电场来激发气体辉光。发明这玩意的人叫克鲁克斯，他是瑞利男爵和拉姆塞的后援团之一，这种装置就叫作"克鲁克斯管"。当然啦，他们也没想到这种放电的管子居然又导致了另外两个重大发现的诞生。一张嘴说不了两家事，咱们暂且不表。

有了放电装置的帮助就可以观察气体的光谱线了。不看不知道，一看吓一跳啊，拉姆塞发现这种元素的光谱以前从来没见过，摆明了是一种新元素。这种气体实在是太不活泼了，因此他们给这种气体起了个名字叫"氩"气，希腊文的意思是懒惰，惰性气体由此得名。正值英国科学协会在牛津开会，他们在牛津大学的讲坛上向世人宣布，空气中还有他们以前不知道的气体存在。一石激起千层浪，大家都傻了。没想到，普通的空气里面还有不为人知的秘密。这时有人回过味儿来啦！不对啊，按照元素周期表，这个元素不属于任何一个空格。元素周期表压根儿就没有预见到这玩意的存在。难道元素周期表错啦？

拉姆塞本人很冷静，新发现的氩元素跟哪个族的元素都不像，难不成是自成一派？这倒是很有可能。拉姆塞后来再接再厉，又分离出了好几种惰性气体。这些气体组成了元素周期表的新一族，元素周期表又增添了一列，恰恰说明了门捷列夫元素周期表的前瞻性和预见性。这已经是1895年的事了，门捷列夫那时候没空，正在当度量衡总局的局长。沙皇不喜欢他，但是他名气太大，不得不把他换到一个闲职上，省得乱说乱动。

19世纪晚期，很多学科都在开花结果。大家都信心满满，觉得只要发掘下去，没什么是搞不定的。但是好景不长，几年之后的20世纪就变了天，如果19世纪的科学的特征是"靠谱"、"搞得定"。那么到了20世纪，科学界毁了好几次三观。20世纪物理学的特点就是"说不清，道不明，才下眉头又上心头"。

就拿基尔霍夫为例，他的主要工作还是在物理学方面。他提出了黑体辐射的概念。所谓的黑体，那就是不反射任何辐射的理想物体。这样的话，你能测到的任何辐射都是这家伙自己发出来的。但这样的理想物体在自然界一般是不存在的，不过现实中可以模拟一个理想的黑体。假设一个内部粗糙的容器，壁上开个小眼儿，要是有光射进去，在里面粗糙的表面上被不断反射吸收，恰好能从这个小眼儿出来的概率就很低很低。这个小眼儿，基本上可以当作黑体来对待。

基尔霍夫提出这个理念，是1862年的事了。这是自打他1859年开始"烧东西"以来，花了三年总结出来的结果。黑体会自己辐射出能量，也会吸收能量，只跟温度有关系，与物质成分没关系，他是从麦克斯韦电磁学理论推导出来的。但是他没想到这在无形之中给经典物理学挖了个大坑。现在人们不知不觉间已经挖了两个坑了：一个是元素的周期性到底是从何而来；另一个就是光谱线的成因是什么，为啥光谱不连续呢？一个元素的所有光谱线是不是符合某种数学规律呢？基尔霍夫反正是只管挖坑不管填，1887年就去世了。果不其然，后来就有人掉进了这个坑里。一个是前面提到的那个瑞利男爵，惰性气体的发现者之一。另一位是数学教师，他的名字叫巴尔末，也牵扯到了这件事里面。

对于巴尔末来讲，这是个数学问题，不是物理学问题。不就是找出一堆数字之间的数学关系嘛，那还不手到擒来。一来二去一折腾，果然被他折腾出来了。巴尔末当时已经60岁了，老爷子真是不含糊。他推算出来的公式精确度极高，跟当时实际测量的值相差仅仅1/40000，公式也写得优雅简洁。后来老爷子还推上瘾了，又推了氦元素的光谱和锂元素的光谱线规律（图1-10）。

图1-10 巴尔末线系在可见光范围内的四条谱线

巴尔末老爷子对光谱学和近代物理的发展起了重要作用。光谱线背后蕴含的奥妙一点儿都不简单，一个后生小子给出了非常漂亮的解释并因此拿下了诺贝尔物理学奖。不过这已经是几十年后的事了。

在科学家眼里，光谱线公式是那么优美简洁。公众却对此一头雾水，大部分人对这些东西也没有任何兴趣。不过，一张照片的发表引起了公众对于物理学的强烈兴趣，成了大家街头巷尾热议的话题，这是怎么回事呢？

02. 神秘的X射线

上一回讲到，本生跟基尔霍夫两个人把能烧的物质统统烧了一遍。两人在实验室一见面，第一句话就是"今天，你烧了没有？"气体不能拿本生灯去烧，那该怎么让气体发光呢？不要紧，前面提到，他们有个外援叫克鲁克斯，人家的拿手好戏就是让气体发光。

气体在电压作用下会发光。这个现象1838年已经被英国的电学大师法拉第发现了。后来人们发现，靠近阳极部分的玻璃管也会发光。克鲁克斯就对这事特别感兴趣，专门造了个"克鲁克斯管"（图2-1）来研究这种现象。在阳极的一端涂上荧光粉，玻璃管里面放个金属片，能在荧光粉屏幕上看到金属片的剪影，这就足以证明这种射线是从阴极发射出来射向阳极的，射线可以被金属片挡住。

那时候大家都觉得这东西好玩儿，因此一大帮人都开始研究这种现象。研究了没多长时间，英国人跟德国人就吵起来了。他们吵什么呢？1876年，德国的哥尔茨坦发现这种射线跟紫外线类似，因为紫外线也能引起荧光粉发光，这东西看来应该是一种光。

1871年，英国物理学家瓦尔利发现阴极射线在磁场中会偏转，于是提出这种射线是由带负电的物质微粒组成的。他的主张得到本国人克鲁克斯和舒斯特的赞同，但是德国有一位著名的科学家站出来反对了，他就是在1887年发现了无线电波的赫兹。麦克斯韦预言的电磁波，最终是由赫兹做实验给验证出来的。这个实验很重要，我们后文中要重点提到，此时暂按下不表。正因为赫兹证明了电磁波的存在，因此显然是站在他的同胞一边。他也认为阴极射线是电磁波，电磁波就是"以太波"。当时物理学界流行着"以太说"，认为光是依靠以太传播的，光就是以太波。物理学界此时形成两大阵营，英国人说是粒子，德国人说是波。双方互相都不服气，分头设计实验来验证自己的推测。

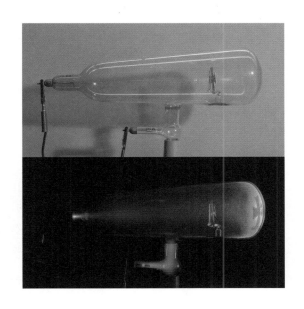

图2-1 克鲁克斯管

英国的舒斯特把带电微粒解释成气体分子自然分解出来的碎片，带正电的部分被阴极俘获，电极间只留下带负电的部分，因而形成阴极射线。1890年，他发现，阴极射线粒子在磁场里面是走圆弧的，根据磁偏转的圆弧半径和电极间的电位差，可以估算带电微粒的荷质比。他测量以后计算了一下，得到的结果在$5 \times 10^6 \sim 1 \times 10^{10}$库仑/千克之间，与电解所得的氢离子的荷质比$10^8$库仑/千克相比，数量级相近。两者如此接近，其中必有蹊跷。

赫兹和他的学生勒纳德也做了许多实验来证明自己的理论。德国人这一派又叫以太学说。英国人不是说阴极射线是带电的吗？那好办啊，我在克鲁克斯管旁边加上电场，看看阴极射线是不是会偏转。结果测来测去测不到，于是赫兹一拍巴掌，你看你看，不偏转吧，看来不带电，这东西应该是电磁波。到了1891年，赫兹又发现，这个阴极射线居然可以穿透很薄的金属片。1894年，勒纳德发表了更精细的结果。他在阴极射线管末端嵌上厚度仅0.00265毫米的薄铝箔作为窗口，发现从铝窗口会逸出射线，在空气中穿越约1厘米的行程。德国人非常得意。这种射线能够穿透实物，隔山打牛，只有波能办得到，粒子根本不行。

英国人当然不服气，发誓要扳回一局。大概在1890年前后，一个34岁的年轻人开始关注这个领域。这个人我们后文再提。那个年代，有关克鲁克斯管的研究也就成了热门话题，那年头各个物理实验室要是没有摆弄过克鲁克斯管，都不好意思说自己是研究物理的。

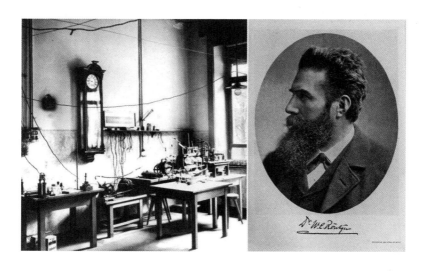

图2-2 伦琴和他的实验室

1895年11月8日，德国维尔茨堡大学的一间实验室里面，校长伦琴教授正在做克鲁克斯管的实验（图2-2）。当时房间没开灯，屋子里一片漆黑，放电管用黑纸包得严严实实的。他突然发现在不远处的小桌上有一块亚铂氰化钡做成的荧光屏发出闪光。伦琴感到非常奇怪，他尝试把荧光屏挪远了点儿，但荧光屏仍然发出幽幽的荧光。伦琴觉得蹊跷，阴极射线穿透能力非常弱，厚一点儿的障碍物都无法穿过，他现在拿黑纸包着克鲁克斯管，按理说不会漏光。是不是别的东西导致荧光屏发光呢？伦琴把克鲁克斯管关掉，荧光立刻不见了，说明荧光就是克鲁克斯管引发的。

他拿来手边的各种东西遮挡克鲁克斯管，纸片挡不住，木头也不行，只有厚一点儿的金属板可以。伦琴顿时觉得这事闹大了。一连6个星期，伦琴闷头钻到实验室里闭关研究。这一个半月的时间，他大门不出二门不迈，吃住全在实验室。他明白，这种射线跟阴极射线是有关的，但并非阴极射线。伦琴一时半会儿搞不清楚这种射线到底是什么。在这件事上，伦琴体现出两个优点，第一点是观察敏锐仔细，别人不留心的地方他留心了，而且很认真；第二点是他很老实，不知道就是不知道，不懂就是不懂。他决定称这种射线为X射线，X就是方程式里面的未知数。

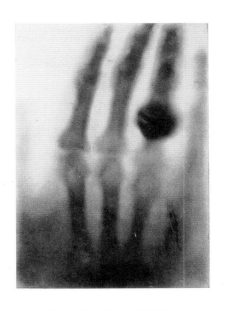

图2-3 第一张人体X射线照片

时间过得飞快，一晃到了圣诞节。伦琴夫人非常好奇，老公好久没回家了，起居都在实验室，他究竟在鼓捣啥呢？怀着强烈的好奇心，她来到了老公的实验室，伦琴一看夫人来了，很想在夫人面前展示一下最近的研究成果，他拉过夫人的手按在底片上，接通了克鲁克斯管的电源。等到底片冲洗出来，一张手掌骨骼的透视照片呈现出来了，这也是世界上第一张人体透视照片（图2-3）。夫人感到非常神奇，仔仔细细地端详这张照片……为什么有个圈圈呢？伦琴不由得一滴汗下来。这不是你手上的结婚戒指嘛！X射线是不能透过厚金属的。

我们说，这是世界上第一张人体透视照片，这没错，但是这并非世界上第一张X射线照片。1880年就已经有人发现克鲁克斯管里会有异常的荧光出现，他们没当回事。到了1895年，各个物理学实验室的工作人员都发现了，感光底片最好别放在克鲁克斯管附近，离得近了容易出问题，好多底片莫名其妙地黑掉了。1887年，克鲁克斯本人也发现了最近底片质量越来越差，冲洗出来都是黑的。他还纳闷儿，这年头怎么总是买到伪劣产品呢？他怎么都没想到这是旁边的克鲁克斯管在作怪。

1890年2月22日，这是一个比较"2"的日子。美国宾夕法尼亚大学的古茨彼德也遇到了类似情况，甚至还拍摄到了物体的X射线照片，但他没当回事，随手把底片扔到废片堆里了。6年后，伦琴宣布发现X射线，古茨彼德才回忆起这件事，可惜世界上没有卖后悔药的。

1895年12月28日，伦琴把《关于一种新的射线》为题的论文送交到维尔茨堡物理学会和医学协会会长手里。他以严谨的文字将7个星期的研究结果写成了16个专题。这一年伦琴正好50岁，X射线是他为人类奉献的最珍贵的礼物。这个发现不仅在物理学上有重要的意义，同时也开启了一门崭新的医学学科，从此影像医学诞生了。过完新年，1896年的1月5号，报纸开启了"刷屏"模式，消息到处流传。《维也纳日报》星期版的头版头条详细报道，文章写得通俗易懂：伦琴先生发现了一种神奇的射线，能够穿透物体（图2-4）。过去，不剖开皮肉是无法看到骨骼的，现在能在荧光屏上直接看到骨头的影像，还能拍下照片。这一伟大的发现传遍了全世界。

1896年1月13日下午5时，伦琴应邀在德皇威廉二世和皇后御前讲演和表演，德皇与他共进晚餐，授予他二级宝冠勋章和勋位，批准在波茨坦桥旁为他建立塑像，这是多大的面子啊！1月23日，伦琴做了公开演讲，紧接着，他的好友柯立卡（一位解剖学教授）建议以"伦琴射线"命名此新射线以做纪念，一群大学生也于当晚举行了火炬游行以示庆祝。伦琴说："假如没有前人的卓越研究，发现X射线是很难实现的。"伦琴的品格就是如此。有人劝他弄个贵族头衔，他没兴趣。有人让他申报专利，他也不干。X射线是全世界的共同财富，伦琴不愿独享，将其无偿用于救死扶伤的医疗领域。就在这一年，X射线便应用于临床医学，通过X射线透视技术，成功地从伦敦一位妇女的手部软组织里取出一根缝衣针，这是破天荒的第一次。X射线已经展现出巨大的威力。

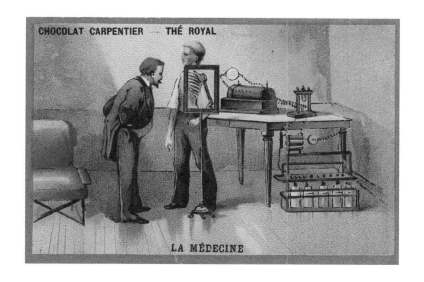

图2-4 透视效果

伦琴的工作是在简陋的环境中完成的。那是一个不大的工作室，窗下摆着一张大桌子，左边是个木架子，上面放着日常用品，前面是个火炉，右边放着高压放电仪器，这就是人类第一次进行X射线试验的地方。伦琴的名气大了，这个简陋的实验室也成了景点，不断有人前来参观，大家都想见识这神奇的X射线。伦琴不得不花时间精力作陪。结果，"施主"们看到设备简陋，需要资金来添置仪器设备。名气大了就好办，总有人会帮助他。

X射线发挥的作用怎么评价都不过分。伦琴一辈子获得了150多个荣誉，最高的荣誉当然是1901年获得第一个诺贝尔奖。他的奖金全部用来给实验室添置仪器了，自己并没留下什么。晚年，他辞去所有的行政职务，专心搞科研。第一次世界大战以后，德国经济一落千丈，大家手头都紧。伦琴的身体尤其差，体重骤降了40多斤，得了急性脑病。1923年2月10日，伦琴安静地结束了78年的人生旅程。

图2-5 贝克勒尔和庞加莱

1896年这一年，X射线的发现绝对是最大的新闻。消息传到了法国，法国科学界也很关注。贝克勒尔在一次科学院大会上碰到了庞加莱（图2-5）。这个贝克勒尔也不是凡人，他父亲亚历山大·贝克勒尔也是物理学家，当年就研究过太阳辐射和磷光现象。他爷爷则是电解法提炼金属的发明者。他的儿子也是物理学家，算起来一家有四代人从事科学研究。庞加莱的名字更是如雷贯耳，他是数学家，也是物理学家，还是位哲学家。伦琴给庞加莱写了信，还寄了一张X光照片。正赶上法国科学院开会，庞加莱马上把照片展示给了法国科学界。贝克勒尔一看就来了兴趣，他问庞加莱，这射线怎么搞出来的？庞加莱说，可能是阴极射线轰击金属阳极给轰出来的。贝克勒尔心里一动，他的家传绝学就是荧光。他爷爷、他老爹都专门研究荧光现象，也叫作磷光现象。古人以为是鬼火，其实就是磷化氢的自燃现象。传统上，大家习惯把黑暗处发冷光的现象都叫"磷光"，现在一般叫荧光现象。贝克勒尔的老爹发现某些铀矿石会发出荧光，那么这两者是不是有相似之处呢？

贝克勒尔已经发现了，铀矿石在太阳底下暴晒之后拿回黑暗处，就会有荧光。X光是阴极射线打中了金属靶子以后溅出来的，那么荧光物质在太阳光的轰击下是不是也会发射X射线呢？庞加莱听他一说，马上鼓励他，这种现象值得好好研究。贝克勒尔说干就干，他买了一大包胶片，取一张用黑纸里三层外三层地包上，放在太阳底下晒。晒了一天，冲洗出来一看，什么痕迹都没有，果然没有曝光。看来黑纸能够完全挡住太阳光。他又找他老爹要了一瓶子铀盐（硫酸铀酰钾），这种物质在紫外光照射下可以发出荧光。他就把这种铀盐放在底片上边压着，端到太阳底下晒。假如阳光照射到铀盐上，铀盐被激发后发射X射线，X射线可以透过黑纸让底片感光，那就验证了贝克勒尔的猜想。底片晒了一阵子再拿回去冲洗，果然变黑了，显然是已经曝光了，这印证了贝克勒尔的猜测。

贝克勒尔还不放心，万一这张底片是次品，本身就是黑的呢？万一不是被铀盐的辐射照出来的呢？那好办，再来几次实验，凡是能够在严格条件下重复的事才是规律嘛，科学就是在研究这些规律。于是他又把一些底片拿黑纸包严实，然后压上铀盐。为了进一步确认，他还放了打孔的金属板、硬币、钥匙。拿到阳光下晒一阵子再拿回去一冲洗，果然底片上出现了钥匙、硬币之类的影子。显然，这种射线透不过金属，才会留下无法曝光的地方。

那是不是化学物质渗透进了黑纸包或者是温度导致的底片变黑呢？也要排除这个可能性。他就在铀盐和黑纸包之间加了一层玻璃。结果还是一样的，底片曝光了。贝克勒尔非常开心，他马上写了报告，在法国科学院的会议上宣读了。他见到庞加莱以后非常开心。老庞啊，果然被你说中啦！的确会出现跟X射线类似的现象。这个射线的确也能透过黑纸包。庞加莱鼓励他：那好啊，你回去继续实验，把这东西搞清楚吧。

贝克勒尔继续回家做实验，但是不巧，天气变阴了，实验做不成了，贝克勒尔包好的底片暂时用不上了。他把底片往抽屉里一放，实验用的铀盐也顺手扔了进去。一连好几天阴天,晒不了太阳。贝克勒尔忽然念头一闪,假如不晒太阳光,底片会有反应吗?索性先把底片冲洗出来看看,这一看可了不得了,底片居然已经被曝光。原来即便不晒太阳,铀盐一样能使得底片曝光(图2-6)。贝克勒尔心头一颤,不好!前边的报告搞错了。

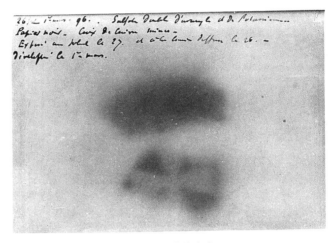

图2-6 曝光的底片

沉住气,冷静点儿,先把事情搞清楚再说。他看看底片,好像比晒过太阳的那几张还要黑,看来这种辐射跟太阳没关系,而是跟时间有关系。摆在那里的时间越长就越黑。那么是不是自然环境中有什么东西可以激发铀盐发出辐射呢?贝克勒尔在暗室里面重复了这个实验,一切照旧。原先设想太阳光激发铀盐发出辐射,然后这种辐射导致底片感光,看来完全是不靠谱的。铀盐自己会发出辐射,不需要外界激发。可是铀盐里面的元素比较多,有硫、铀、钾,到底哪种东西才是发射这种射线的罪魁祸首呢?他换了其他荧光材料来实验,发现只有含铀的物质会产生这个现象。他换了各种各样的铀盐,果然都出现了底片变黑的情况。而且不管是把盐溶解在水里还是加热到熔融状态,都不能改变这个性质,这是铀元素本身的特性。贝克勒尔动用关系好不容易才搞到了一小块纯铀金属,又做了一次实验,果然,这一次底片颜色最黑。那么就排除了其他一切因素,这种射线就是铀元素发射出来的,也能穿透黑纸包，跟X射线类似。

1896年5月，他在法国科学院发表了报告，认为这种射线来自于铀元素本身，只要有铀元素在，就会源源不断地发射出射线来。贝克勒尔把这种射线命名为铀射线，虽然也有穿透性，但是与X射线是不同的。这种射线可以使空气电离，也就是说，在这种射线的作用下，空气变成了导体。

大家生活中见过导电的气体吗？其实很常见，火焰就是会导电的气体，内焰就是电离状态。当然，烟雾报警器的原理也是让空气电离，然后测量空气的电阻，要是烟雾浓度高了，空气的电阻就会变化。万一发生火灾，报警器检测到烟雾太浓，立刻就会喷水。那么是用什么办法让空气电离呢？烟雾报警器的核心部件有赖于一位年轻母亲的伟大发现。

图2-7 居里夫妇和大女儿

1897年，这位女士刚刚生了个女儿，她一边抱着娃一边准备报考博士学位，此前她已经拿了两个学士学位。贝克勒尔的文章一发表，立刻引起了这位年轻妈妈的关注。她对铀射线非常感兴趣，但是必须得到她所在单位的领导，也就是她丈夫皮埃尔·居里的支持，才能研究这种射线。这位年轻的女士过去的名字叫"玛丽亚·斯卡洛多斯卡"，这是一个波兰名字。她有一个大家更为熟悉的名字，也是物理学历史上一个传奇的名字——玛丽·居里，后来大家都称她为居里夫人（图2-7）。

居里先生过去的主攻方向是晶体研究，压电效应就是他发现的。他发现石英晶体假如在某个方向受到压力，表面居然会产生电荷，反过来也一样，加上电场，石英晶体也会产生变形。居里就用这个效应造了一个静电计，可以测量出极微弱的电量，也叫居里计。

居里在磁性方面做出了不少贡献，比如居里定律：温度高到一定程度，物体就会突然失去磁性。现代家用电饭煲的温控就利用了这个原理，温度高到一定程度，突然失去磁性，开关吸不住就突然跳起来了。居里的这些成就都是跟他的哥哥合作搞出来的。居里一辈子都不缺好搭档，先前跟哥哥在一起搞晶体方面的研究，成就不小；后来跟老婆搞夫妻档，成就更大。居里先生慧眼识珠，他发现夫人的研究更有意义，就放下自己的主攻专业，来给自己的夫人做助手。

居里夫人能够找到的有关铀射线的资料也就是贝克勒尔的几篇文章，但是她对贝克勒尔的办法很不满意。要是每次测量辐射都用胶片曝光的办法，显然太过麻烦。按标准称出几克的物质用黑纸包起来，拿秒表算时间，然后去暗室里冲洗底片，再拿出来看够不够黑，凭着肉眼看颜色深浅，这太不靠谱了。有什么更方便快捷的测量办法吗？办法就在眼前，辐射不是可以让空气电离吗？测量通电能力不就行了吗？巧了，她老公造出了最灵敏的静电计，解决方案不就摆在面前嘛。

居里夫人造了个仪器，组成部分是一个电离室、一个居里计、一个压电石英静电计，这个仪器很管用。居里夫人测量了铀元素的辐射值。她发现，辐射强度只和铀元素的量有关，而且是成正比的关系，跟外界环境无关，不论温度高还是温度低，不管有光照还是没光照，这种特性仿佛是铀元素自己的特殊秉性。现在发现的化学元素已经有80多种了，难不成只有铀元素有这个特性？居里夫人想，说不定别的元素也会发出辐射。

居里夫人对已知的化学元素做了个普查，很快就发现另一种元素也有跟铀类似的特性，也会发出射线，这就是钍元素。既然发出射线不是铀元素独有的特性，显然就不好叫作"铀射线"。居里夫人起了一个新名字，叫"放射性"，铀和钍就成了最早被发现的放射性元素。

居里夫妇俩工作的学校是理化学院，一个工科院校，有大量来自各地的矿石标本。他们俩就开始翻出各种各样的矿物质来测量放射性。他们俩不看成分，只拿仪器检测，只要是有放射性的矿石肯定含有铀或钍，没有放射性的肯定不含铀或者钍。有一次，他们拿了一块矿渣来测试，一测不要紧，放射强度直接爆表，远比一般的铀和钍强得多。他们俩一头雾水，得出的一致结论是仪器出毛病了。修理了半天，结果还是一样，又测了20多次，每次都爆表。

居里夫妇有点儿莫名其妙，这么强大的放射性是从哪儿来的呢？要知道居里夫人可是把已知的元素挨个儿查了一遍，并没有发现有这么强大的放射性元素。那么，居里夫人断定，这种矿渣里一定有未曾发现的新元素。沥青铀矿的放射性比提纯的二氧化铀的放射性强了4倍，摆明了里面还有没被发现的新元素。他们估计，这种新元素的含量不会高，最多不过1/100。如果不是含量稀少，前人不会忽略，早该被发现了。如果当时他们能知道真实的含量，估计哭的心都有了，1/100那是太乐观了，真实含量仅有1/100万，他们高估了一万倍。

说来也有趣，正因为他们错估了形势，才敢花力气提取这种元素。沥青铀矿是复杂的混合物，不是纯净物，首先要分离里面的成分。他们按照普通的化学方法，先把沥青铀矿分解开，然后逐个检查放射性。他们发现不同的成分放射性也有差异。他们预感到这不是一种，而是两种不同的元素，写论文发表了这个成果。老公皮埃尔问老婆玛丽，这个元素叫啥名字好呢？玛丽一下就想起了自己的祖国，她是波兰人。当时她的祖国已经亡国，被沙皇俄国统治着，她给新元素起了个名字叫"钋"，含义就是祖国波兰。

到了年底，他们又发表了一篇论文，他们提出沥青铀矿里面应该还有一种新元素，他们命名为镭。物理学家们看到这篇论文，觉得很新鲜。原来发现新元素不需要坛坛罐罐，拿个仪器测量放射性也行，你们两口子真行。不过大家都不表态，这毕竟还是推测，还是等等看，等到事情水落石出了再说。

物理学家们保持沉默，化学家们可不干了。你们俩说发现两种新元素，原子量多少啊？有什么样的化学性质？你们两口子要是能提炼出来，我们就相信。居里夫妇开始放手提炼这种元素（图2-8），结果这一干就是好几年。就在这几年里面，物理学界又捅出娄子来了⋯⋯

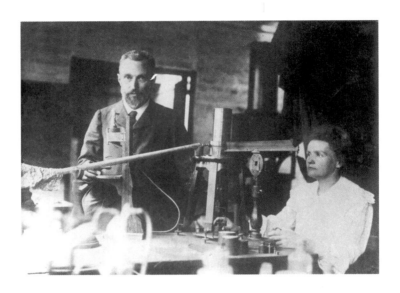

图2-8 居里夫妇的工作场景

03.群英汇集的卡文迪许实验室

　　如今大家都说，对孩子的教育不能输在起跑线上，千万不能让孩子在起步时就落后。但是每个人机缘不同，不是人人都能有优越的家庭条件。比如说电学大师法拉第，小时候家里很穷，父亲是个铁匠，尽管想让孩子接受完整的教育，毕竟没有足够的财力，法拉第不得不到印刷厂去当学徒。不过法拉第是个有心人，在印刷厂工作有个好处，那就是看书不要钱。印刷出来的书籍堆积如山，法拉第一头就扎进去，抱着《大英百科全书》一看起来就放不下，尤其对电学部分爱不释手。后来终于获得当时的大科学家戴维的垂青，被收为弟子。法拉第是赢在了起跑线上，还是输在了起跑线上呢？真的很难说。

　　剑桥大学的卡文迪许实验室赫赫有名。首任卡文迪许物理学教授就是一代宗师麦克斯韦。麦克斯韦在1879年英年早逝，去世的时候年仅48岁，正值壮年，算是非常遗憾的事。第二任卡文迪许物理学教授由瑞利男爵接任。瑞利男爵说，我也不多干，就先干5年吧。1884年，5年任期到了，瑞利男爵一摆手说，我不干了，你们另请高明吧。于是大家分头物色人选，有人去问了当时大名鼎鼎的开尔文勋爵，人家一摆手，不干。他们又去德国找著名的物理学家冯·亥姆霍兹，人家两手一摊，开尔文不干，我也不干。找谁呢？大家抓瞎了。这时，一个年仅28岁的年轻人毛遂自荐，既然他们不干，我来干吧。瑞利男爵一看，好啊，小伙子，你上，我给你观敌瞭阵。有了瑞利男爵的支持，这个年仅28岁的小伙子就出乎意料地当选了。他就是第三任卡文迪许物理学教授——约瑟夫·约翰·汤姆逊（图3-1）。

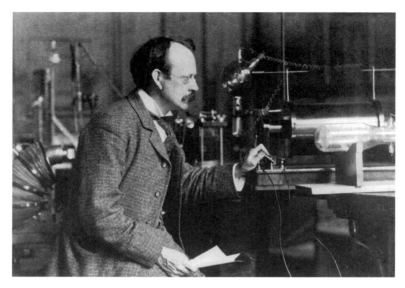

图3-1 卡文迪许实验室第三任掌门人汤姆逊

我们今天要提到的这位汤姆逊，家庭条件比法拉第要优越多了。法拉第是出版商的学徒，汤姆逊他爹是出版社的老板，专门印刷大学课本，一来二去就跟大学教授都混熟了，真称得上是"谈笑有鸿儒，往来无白丁"。大家一看，你家孩子太聪明了，这么小就能啃这么大部头的书啊。各位教授学者都对汤姆逊喜欢得不得了。这孩子也真争气，14岁就考上了曼彻斯特大学。1876年，就被保送到剑桥大学三一学院，那年人家才21岁。汤姆逊1880年就在剑桥大学获得学位，然后就留校任教了。

卡文迪许物理学教授这个职位，其实就相当于实验室主任。卡文迪许实验室就相当于剑桥大学的物理系。汤姆逊一接手这个职位，立刻就显示出与众不同来了。汤姆逊对自己的学生要求非常严格，他要求学生在开始做研究之前，必须学好所需要的实验技术，研究所用的仪器全要自己动手制作。他认为大学应是培养会思考、有独立工作能力的人才的场所，不是用"现成的机器"投影造出"死的成品"的工厂。因此，他坚持不让学生使用现成的仪器，而是要求学生不仅是实验的观察者，更要做实验的创造者。

那年头最流行的实验就是阴极射线管，剑桥大学自然也不落伍。汤姆逊就开始折腾阴极射线了。英国和德国正吵得不亦乐乎，德国人说是以太波，英国人说是微粒。汤姆逊决定设计一个实验来解决这个问题。他找到了一种荧光粉，叫作硫化锌。硫化锌的荧光是绿色的，余辉比较长。他用硫化锌做了一片荧光屏，封装在阴极射线管里面。他尽量让阴极射线贴着荧光屏划过，这样就在荧光屏上留下了一道笔直的轨迹。

他拿磁铁往旁边一放，这条轨迹立刻被"掰"弯了（图3-2）。磁场可以使阴极射线拐弯，那么电场行不行呢？放两个极板，加上电压，阴极射线的轨迹又被掰弯了。汤姆逊一看，妥了，阴极射线必定是带电粒子，不是电磁波。过去也发现过阴极射线在磁场里面会拐弯，但是在电场里面并不拐弯。汤姆逊总结了原因，粗枝大叶害死人啊，管子的真空程度不够，抽气没抽干净，残余气体干扰粒子流，当然会影响到实验结果。因此他拼命改进真空技术，使得残余气体大为减少。汤姆逊是第一个发现阴极射线会在电场中偏转的人。

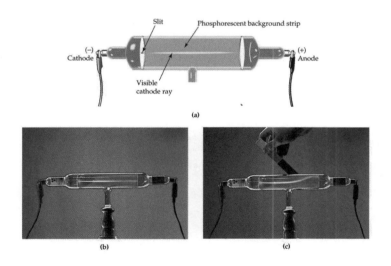

图3-2 阴极射线被磁场偏转

早在1890年，就有人粗略地测过阴极射线粒子的荷质比，也就是电荷与质量之比。他们发现阴极射线粒子荷质比是氢离子的500倍。氢离子的荷质比是靠电解定律计算出来的。那时候没有互联网、BBS这些东西，汤姆逊不知道有人做了这个实验。直到7年之后，汤姆逊才发现原来前人已经测量过了。这个测量比较粗糙，汤姆逊的测量比较精细，他计算出大概阴极射线粒子的荷质比是氢离子的1000~3000倍。

但是汤姆逊是不会重复别人已经走过的道路的。他打算重新设计实验来计算荷质比。他做的新仪器顶端有个荧光屏，阴极射线粒子会在荧光屏上打出光点。他先施加一个磁场，果然光斑就偏移了。然后他再施加一个电场跟磁场相互抵消，通过调整电场强度使得偏移逐渐减小，最后精准地抵消。通过磁场强度和电场强度，就可以算出粒子的速度。然后撤了磁场，剩下电场，那么根据偏移就可以算出荷质比了。他计算出来，阴极射线粒子的荷质比起码比氢离子大600~1000倍。但是他又发现了一个奇怪的现象，速度越大，荷质比越大。低速的时候，荷质比基本是个定值，但是速度快了就不对头了。这是怎么回事啊？汤姆逊那时候是无论如何也回答不出这个问题的，这个问题留给爱因斯坦用狭义相对论来回答比较合适。

不管怎么样，汤姆逊得到一个结论，这个东西的荷质比非常大。是某种离子吗？他有意在阴极射线管里面剩余了微量气体，他发现这东西跟气体成分没关系。换了不同的阴极材料再试，貌似也没关系。荷质比非常大，就说明么这东西电荷非常强，远超过氢离子；要么电量跟氢离子差不多，但是质量非常小；要么就是两者兼而有之。汤姆逊猜，这东西应该是一种非常微小的颗粒，这是1897年的发现。汤姆逊管这种东西叫作"电子"，这个名词是斯通尼在1891年发明的。从这儿起，就可以正式使用电子这个名字了。

汤姆逊很严谨，他对很久以前由赫兹发现的光电效应做了研究。他用一整块锌板作为阴极，放一块阳极跟它平行，两者之间加上电场，自然电流不能通过。再拿紫外线对着锌板一照，居然有电流了。这个电流是怎么穿透空气流过去的？大家百思不得其解。汤姆逊说，看我的，我来做实验。他给这个实验装置加上强磁场。汤姆逊猜想，一定是电子从阴极飞出来撞到了阳极，那么电流回路就通了。外部加上磁场，电子就不是沿直线飞向阳极，而是拐弯飞。要是磁场够强呢，电子干脆就绕个圈，飞回出发点。一点点加强磁场，一定会加到某个强度，让电子恰好飞回出发点，再也飞不到阳极上，电流就断了。那么好了，就可以由此计算荷质比了。他仔细测量了一下，与阴极射线管测出来的结果类似。汤姆逊知道了，光电流，其实也是电子。

光线能激发出电子，热行不行呢？当然也是可以的。这个现象是发明大王爱迪生发现的，他为了改进灯泡，突发奇想，往灯泡里面加了一根导线，这根导线跟灯丝不相连，但是加上电场，居然有电流跑出来。爱迪生丈二和尚摸不着头脑，为什么这根单独的导线并没有与其他部分相连，也会有电流通过呢？爱迪生并没有深究，他关心的是改进灯泡，其他的事都扔一边儿去了。这个现象就被称为"爱迪生效应"（图3-3）。爱迪生的这个实验可以说是电子管的前身。

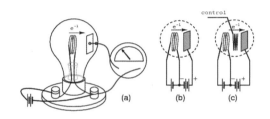

图3-3 爱迪生效应

汤姆逊没有放过这一点，他也对爱迪生效应做了测量。他发现这个现象也是电子搞的鬼，热也可以使得电子跑出来。看来电子这东西是个普遍的存在，到处都有。电子还有一定的穿透性，能从极薄的铝箔后面透出来，想来这东西比原子、分子都要小吧，否则怎么钻得出来呢？

汤姆逊不是一个人在战斗，在他的主持下，卡文迪许实验室已经成了一个人才大本营。威尔逊曾经是汤姆逊的学生，他去过英国第一高峰本内维斯峰的天文台，在山顶上看着脚下云遮雾绕，阳光照在云海之上，非常美丽。云海给了威尔逊很大启发，能不能在实验室造出云雾呢？1895年，他设计了一套设备使水蒸气冷凝来形成云雾。当时，人们认为要使水蒸气凝结，每颗雾珠必须有一个尘埃为核心。如果空气极端干净，没有任何尘埃，蒸汽即便饱和，乃至过饱和，也不会凝结成小水滴。威尔逊仔细除去仪器中的尘埃，他发现不需要尘埃，只要用X射线照射充满过饱和蒸汽的云室，云雾就会立即出现，这证明凝聚现象是以离子为中心出现的。过饱和蒸气非常敏感，有个微小扰动就会发生凝结。

图3-4 云室记录下的粒子轨迹

X射线照射也能引发蒸汽凝结。这下好了，射线路过之处，云雾立刻凝结，形成了清晰的轨迹（图3-4），给研究微小的粒子带来了方便。威尔逊后来因此获得了诺贝尔物理学奖，汤姆逊的门生故旧有9个人得了诺贝尔奖。汤姆逊看到威尔逊发明的云室，高兴得直蹦。使用云室能够直接看到粒子的轨迹了，而且灵敏度极高。用云室来测量电子的电荷，得到的结果是大概3×10^{-10}静电单位。根据荷质比求出电子质量也就不是难事了。当然，这些测量的精度都不太令人满意，高精度的测量要等到后文里密立根的油滴实验了。

阴极射线的问题差不多搞清楚了，所谓阴极射线就是电子流。电子到底是个啥东西？它跟原子又是啥关系呢？原子可分吗？一切都还没有确切答案，包括原子本身都还在巨大争论之中。原子论和唯能论的争吵持续了10年之久，搞得一位大科学家身心憔悴，最后竟然自杀辞世，不由令人扼腕叹息。不过这是后话，此处按下不表。

就在威尔逊研究云室中的粒子轨迹的时候，英国剑桥大学的一封录取通知书发到了遥远的岛国新西兰。收到这份录取通知书的是一个年轻人，当时正在地里挖土豆，当他得知自己已经被剑桥大学录取，高兴地把手里的土豆一抛，喊出了颇为豪迈的一句话："这是我这辈子挖的最后一个土豆。"果然他从此以后再也没有挖过土豆。他叫欧内斯特·卢瑟福（图3-5）。

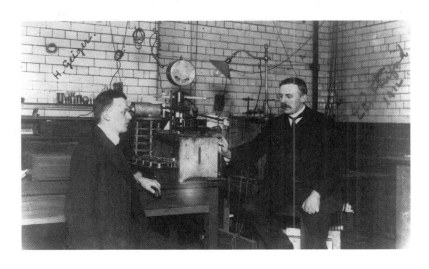

图3-5 卢瑟福在实验室

　　当时的剑桥大学刚通过新规定，其他大学的毕业生可以到剑桥读研究生，卢瑟福就幸运地考上了。欧内斯特·卢瑟福可是大名鼎鼎，他创造了一个诺贝尔奖幼儿园，跟他沾边的人有11个都获得了诺贝尔奖，超过了他的老师汤姆逊的9人纪录。他们都是卡文迪许实验室培养出来的。卢瑟福师从汤姆逊，学到了一身的真功夫。不仅仅是学术研究，在人才培养上也是颇得老师真传，而且青出于蓝而胜于蓝。

　　卢瑟福本来对无线电特别感兴趣，后来汤姆逊找他一起研究X射线电离气体的问题，他也颇有兴趣。他去英国读书的时候正赶上贝克勒尔名声大噪，铀射线的研究也掀起一股热潮，卢瑟福转而投身研究铀射线的电离作用。那时候，法国的居里夫妇正在家里面倒腾铀矿石呢。

　　贝克勒尔发现，放射线可以被折射，但是X射线不会。卢瑟福很受启发，拿来各种材料做成三棱镜，看看会不会有折射现象。他从相片底片上没有看出铀的辐射产生任何偏折，判定贝克勒尔的说法有错。于是，他想从贯穿能力上加以鉴别。于是就用一系列极薄的铝箔放在铀盐上，而铀盐则置于电容器两平行板之一的上面，加电压后从串接于电容器的静电计上读取游离电流值。卢瑟福看出有两种不同的吸收变化率，说明辐射具有两种不同的成分。这些实验表明铀辐射是复杂的，至少有两种明显不同的辐射，一种非常容易被吸收，为方便起见称之为 α 辐射；另一种具有强一点的贯穿本领，称之为 β 辐射。

居里夫妇就像台挖掘机——挖掘机技术哪家强，法国巴黎找居里——他们不管不顾，凭着蛮力刨出一大堆材料堆在路边。别人偶然路过，随手挑挑拣拣，说不定就能发现个大宝贝。他们俩只顾着埋头挖掘，结果让不少重大成果从自己手里溜走了。比如铀的辐射会造成气体电离，他们俩很早就知道这回事，但是他们万万没想到放射线并不单纯，是可以分解的，因此与一个重大成果失之交臂。不过他们俩太勤奋了，特别是居里夫人，即便漏掉不少重大发现，还是拿了两个诺贝尔奖。这个毛病也遗传给了女儿伊雷娜，这是后话，暂且不提。

卢瑟福就是在居里夫妇的成就之上进一步做出的发现。先说这个 α 辐射，它的穿透性非常差，一张纸就能挡住。测一测，好像速度也不算快。另一个 β 辐射就不一样了，好像速度很快的样子，几毫米的铝板也挡不住它。难怪贝克勒尔的底片会曝光，这东西的穿透力不错嘛。卢瑟福当时不知道，其实还有一种射线存在，我们现在称为 γ 射线，到了1900年才被法国科学家维拉德发现。也就是说铀元素发出的放射线里面包含三种成分，卢瑟福一开始只分析出两种。

卢瑟福拿着成果来找老师汤姆逊，汤姆逊看了连声称赞。但是话题一转，汤姆逊提到另外一件事。卢瑟福，有件大事找你啊，加拿大的麦克吉尔大学来我们剑桥招人，希望能有优秀的学生到他们那儿去当教授。我思来想去，最合适的只有你。卢瑟福一听，自己不过是个研究生，老师怎么突然推荐自己去加拿大当教授呢？别啊，老师，我跨过半个地球来到英国，不就是想在您门下好好学习，天天向上吗。怎么一竿子又把我支到另一头去了。汤姆逊语重心长地对卢瑟福讲，我看你非池中之物，将来必有大的成就。老是给我打下手，会埋没了你的前程。卢瑟福说，老师，我还太年轻了，今年才29岁啊。汤姆逊说，年轻不是问题，你老师我当年接瑞利男爵的班，也才28岁，比现在的你还小一岁呢。你也有未婚妻了吧，结婚也需要钱，去当教授，有份好收入，好好安个家，事业上才没有后顾之忧。这个年华，正是事业上最有闯劲儿的年岁，再老，那就暮气深重喽。就需要趁年轻给你压担子，多锻炼。机遇不可多得啊，我给你写推荐信。

临行前，老师叮嘱他，要敢于虚心向自己的学生学习，大学里面都是人尖儿，都有可学之处。选好助手搭好班子，一个人不可能搞得定那么多事。1989年，卢瑟福谨记老师的教诲，横渡大西洋，去加拿大走马上任了。他的很多有关放射线的论文就是到了加拿大以后才发表出来的。他在加拿大干了9年，后来接了老师的班，回到剑桥当了卡文迪许物理学教授。在他的执掌之下，剑桥大学一时群英荟萃。

04.黑体辐射公式的成功推导

　　1900年4月27日，开尔文勋爵（图4-1）在英国皇家学会做了一个报告。他花了好长时间整理这个报告。次年，也就是1901年的7月，他发表了这个报告的整理版本。1901年2月2日，他还写了个补充说明，说这篇文章是在报告的基础之上加了大量的材料编写而成的，可见开尔文勋爵多么重视这篇报告。

图4-1 开尔文勋爵

在这篇文章里面，开尔文勋爵描述了物理学界著名的两朵乌云。第一朵乌云是以太和物体的相对运动问题。其实就是著名的光速问题。迈克尔逊和莫雷的实验给大家出了个大难题，那时候大家普遍都认为电磁波是在以太里面传播的。那为啥我们感觉不到以太的存在呢？要是地球在绕着太阳运动，那以太是跟着地球走还是不跟着啊？这个问题在当时闹得一大堆人寝食不安。迈克尔逊和莫雷做的实验表明，以太相对地球是静止的。那不对了，地球何德何能啊，以太居然相对地球不运动。那么地球绕着太阳转，太阳相对以太运动吗？解释不通啊。洛伦兹就此提出了收缩假设。我们相对以太运动的方向会出现收缩的情况，费兹杰惹比他提出得还早。开尔文勋爵对此不敢抱有奢望，他觉得这问题尚不能解决。因此他说，这一片乌云还是相当浓厚的。

第二朵乌云，就是所谓的比热问题。开尔文勋爵提到，麦克斯韦-玻尔兹曼（图4-2）的能量均分学说多简洁优美啊。可是开尔文勋爵觉得这样的优美是没有必要的，这个理论在解释双原子分子和多原子分子气体的时候就会出现偏差。定压热容量与定容热容量之比这个物理量计算数值和实测数值有差异，在解释分子光谱的时候偏差更为严重，显然这个能量均分原理是有问题的。

图4-2 麦克斯韦和玻尔兹曼，统计物理的大牛人

当然啦，开尔文勋爵还是高瞻远瞩地指出，这些问题在20世纪都将一扫而光，我们必将胜利解决这些问题。

19世纪已经过去，20世纪来临，世界似乎也站到了转折点上。英国仍然是日不落帝国，海上的霸主，但英国的科学技术水平已经不是欧洲最领先的了。牛顿时代的那一大票人是引领了世界科学发展的，但是自打法国开始崛起，形势立刻就起了变化。19世纪法国群星荟萃，他们完善了微积分，完善了分析力学。本书就提到过很多法国人，贝克勒尔、庞加莱、居里夫妇……但是就在法国如日中天的时候，德国崛起了。普鲁士打败法国，统一了德意志诸邦。就在那一阵子，德国科学家像雨后春笋一样冒出来一大片。很明显，欧洲的科学研究中心开始往德国转移。

蒸汽时代的发端就在英国，但是以电气和化工为代表的第二次工业革命是从美国与德国兴起的。发电机是德国人发明的，内燃机也是德国人发明的。科技成果到了土财主美国人手里，就开始大面积推广，啥高科技的东西都白菜化了。比如说爱迪生鼓捣的电灯泡，其实也不是他发明的，是他改进了斯旺的设计。后来，斯旺成了爱迪生的合伙人，有钱大家一起赚。

图4-3 芝加哥世博会鸟瞰图

不过，有一笔大钱爱迪生没赚到，那就是芝加哥世博会（图4-3）。会场上用掉了20万只电灯泡，可惜不是出自爱迪生的公司，而是他的死对头特兹拉和西屋电气公司搞出来的。经过世博会一展览，整个世界都开始疯狂地造电灯泡，连爱因斯坦他父亲和叔叔都是开灯泡厂的。这帮子灯泡厂的老板们就到处找物理学家、电学家帮忙来搞灯泡。

有一个德国物理学教授接待了一个来自灯泡厂的老板。工业界关注的技术难题有很多，灯泡烧到什么温度是最划算的，发光效率最高，能够最有效率地把电能转化成光能。这个教授名叫普朗克，普朗克一听立刻明白了，这些问题其实都属于最基本的物理学问题，叫作"黑体辐射"问题，他刚好对这个问题很感兴趣，这也是电磁学领域的一个难题。普朗克的老师就是我们前几回提到过的那个基尔霍夫，他就是黑体这个概念的提出者，也是最早开始研究的人。他挖了一个大坑，结果一堆人掉里面了，其中就有前文讲过的瑞利爵士。不过说来也巧，把这个大坑给填上的正是他的学生普朗克。

如果说普朗克研究黑体辐射是因为灯泡的问题，那么物理学家维恩研究黑体辐射问题就跟当时正在蓬勃兴起的钢铁业和化学工业密不可分了。钢水的温度达到上千摄氏度（图4-4），想要马上测出钢水的温度该怎么办呢？其实这也是一个黑体辐射问题。

图4-4 观察钢水的颜色可以判断温度高低

韦恩所在的单位叫作德国帝国技术物理研究所，有很多位专家都来这里研究黑体辐射，比如鲁本斯、普林舍姆、卢梅尔和库尔班。他们先是用涂黑的铂金片来当作黑体，后来发现不准确，模拟得不像，就用加热的空腔来模拟黑体，后来干脆用空腔炉来模拟黑体。普朗克是柏林大学的教授，也经常到德国帝国技术物理研究所去，一来二去混熟了，就替代了维恩的地位，成了这群物理学家中的核心人物了。

1893年，维恩公式被提了出来，物理学界很重视，很多人就开始做实验来验证这个维恩公式。普朗克认为维恩的推导过程不大令人信服，假设太多，似乎是凑出来的，只能算是"半经验公式"。理论物理学家们内心很不喜欢凑数。普朗克花了几年时间才把这个问题搞定，从电磁学理论入手，推导出了维恩公式。他不知道的是，后来一个愣小子自己在家里面也闷头推算了一遍，跟他的结果一样。这个愣小子就是爱因斯坦。

人类总结自然规律有两个途径：一个叫作归纳法，人总是可以根据实践经验来总结出规律，天鹅总是白的，乌鸦总是黑的。但是归纳法就怕例外，自从发现了黑天鹅，"天鹅都是白的"这话就破产了。因此科学家们偏爱另外一种方法，那就是根据有限的公设，通过逻辑或者是数学来层层递进地推导。只要公设是靠谱的，推导出来的结果也就没问题。这个办法叫作演绎法。从实验结果反推经验公式可以算作归纳法，从有限的公设条件来推导出公式则属于演绎法。两者要是能得到相同的结论，这个理论就非常牢靠了。所以当时很多科学家都希望能够用有限的假设，通过数学推导出黑体辐射公式。维恩是这么干的，普朗克也是这么干的。

普朗克终于大功告成，推导出了维恩公式。可这时候两个德国帝国技术物理研究所的成员拉住了普朗克，先别得意啦，数据对不上了！温度在800K～1400K左右，数据跟维恩公式符合得很不错，但是低温部分对不上了，而且是大面积地对不上了，行话叫作"系统性偏差"。普朗克顿觉脸上火辣辣的，本以为解决了维恩公式的理论基础问题，哪知道维恩是错的，这不是被人打脸嘛！

这已经是1899年的事了。德国人这边在忙活，英国人也没闲着。瑞利爵士看到维恩公式的偏差，他自己写出了一个公式。低频部分跟实验符合得很不错，高频部分即便不做实验都知道问题很大，因为他的公式在频率很高的时候居然会出现被零除。物理学家看见被零除的现象，立马一个头两个大了，他们的行话叫作"发散"。瑞利公式在高频段出现的这种发散被称为"紫外灾难"。瑞利想尽办法给自己的公式打补丁，后来金斯还帮着他一起打补丁，打完补丁的公式就被称为瑞利-金斯公式。普朗克的朋友鲁本斯告诉他，从实验结果来看，瑞利的公式在低频段是很不错的，高频段就完蛋了。

　　普朗克听说了这事以后，心头一动：不妨先把瑞利公式和维恩公式给凑起来，凑出一个覆盖全波段的辐射公式看看？他很快就凑出一个公式来，这就是所谓的普朗克公式。他的好朋友鲁本斯就拿着普朗克公式去做实验了。实验结果表明，普朗克公式跟实验结果吻合得非常棒（图4-5）。

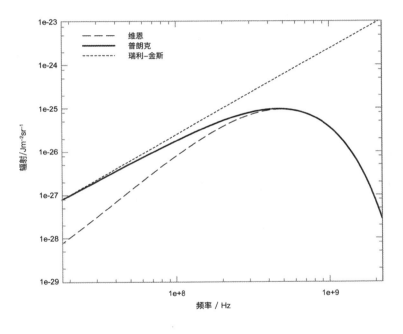

图4-5 瑞利-金斯定律、维恩定律、普朗克定律
三种定律的理论结果比较，黑体温度是8mK

　　于是，两人就在1900年10月19日向德国物理学会做了报告。普朗克（图4-6）的题目叫《维恩光谱方程的改进》，公布了他得到的经验公式。会上自然有其他人会问：你明白这个公式是什么含义吗？普朗克两手一摊，这个

公式实际上是依靠归纳法凑出来的，他也不明白到底有什么深层含义。对于实验物理学家，搞出个经验公式，那是很不错的事，但是对于理论物理学家，那是远远不够的。普朗克毕竟是理论物理学家，讲不出理论，不能从有限的基本假设完全依靠数学推导出这个公式，多没面子啊。普朗克只有破釜沉舟回家闷头推导公式，他怎么也不会预料到，这一咬牙发狠，代表着一个新时代的到来，经典力学和电磁学的大厦就此崩塌。当时正是1900年，恰好是跨世纪年。

图4-6 普朗克

普朗克左算右算，怎么推算都得不到现在经验公式的样子，这是怎么回事呢？他拿过维恩和瑞利男爵的公式推导过程，发现他们完全是依靠玻尔兹曼分布和麦克斯韦分布，然后套用麦克斯韦电磁理论来计算的。这里要说清楚，麦克斯韦很厉害，他的《电磁通论》名动天下，使他获得了与牛顿老爵爷比肩而立的资格。他在统计物理方面，也是大牛人一个。他的电磁理论与速度分布律是两个领域的成就，千万别搞混了。对于理想气体，他计算出了一个速率分布律，即一个单位的气体，当温度平衡后在某个位置上粒子速度的几率分布。维恩公式就是在此基础上推导出来的，他把黑体辐射类比为气体分子的热运动。瑞利男爵觉得这样类比是搞笑的，不能这么办，只能把黑体辐射理解成带电粒子的振动，振动与能量有关，需要用到玻尔兹曼分布，玻尔兹曼分布计算的是能量分布，但是他搞出了头痛的"紫外灾难"。

普朗克看来看去，发现无论是维恩还是瑞利男爵的计算推导都是没问题的。电磁理论看来没什么问题，那问题就出在麦克斯韦速度分布和玻尔兹曼能量分布上。再往前追根溯源，玻尔兹曼公式是从麦克斯韦那儿发展出来的，他们都基于一个理论叫作"能量均分"。难道是能量均分理论有问题？难道要推翻能量均分理论？普朗克冒出这个念头以后自己都不愿接受，怎么能对能量均分开刀呢！可是形势比人强啊，你怎么都推导不出这个公式，又能怎么办啊？那就只有硬着头皮上了呗。他仿佛看到玻尔兹曼在得意地笑……

1900年已经剩下没几天，就要正式进入20世纪了，普朗克手边还是一地鸡毛。那么，让开尔文老爷子不满、让普朗克犯难的能量均分理论到底是个什么东西呢？我们有必要把它讲清楚。作为麦克斯韦和玻尔兹曼来讲，他们都在研究气体，气体分子那么多，都在做无规则的热运动，根本没办法一个个去计算，必须依靠统计学的办法来计算，就像我们总是一碗一碗地吃饭，不会一粒一粒地去计量是一样的，那就涉及每个气体分子的自由度问题。

火车的自由度只有一个，只能沿着一条线前进后退；船舶的自由度有两个，前后、左右，两个坐标轴；热气球的自由度就有三个，前后、左右、上下，分布在三个轴上；战斗机的自由度更多，不但有移动自由度，还有转动自由度，可以翻跟头、横滚、拐弯，因此战斗机是三个移动自由度加上三个旋转自由度。去看苏35战斗机的"落叶飘"特技动作，能看到它在所有自由度上都发挥得淋漓尽致。

车辆在隧道里行驶，动能分布在一根轴上，隧道里只有一个自由度。车辆在隧道里相撞，能量仍然分布在一根轴上，也就是说仍然在一个自由度上。假如是在台球桌上打斯诺克，事情就复杂了。开球的时候白球只有一个自由度，沿着一根轴线移动，但是撞到其他球之后，产生复杂的反弹，一堆球分别往各个方向滚，能量迅速平摊到了两个自由度上，二维桌面只有两个自由度。这就是所谓的能量均分。一锅热平衡的气体，必定是能量均分的，各个自由度上必定是平摊的，不论哪个自由度都不会比别的自由度更有优势。

那么普朗克对能量均分原理下手，为什么会让自己无法接受呢？他内心为什么会受到如此的煎熬呢？那是因为他坚信物理世界是连续的，无论多么小的能量，都是可以平摊到所有自由度上的。可惜为了能推导出那个黑体辐射公式，自己不得不假设能量不能完全平摊在所有自由度上，因为能量有最小单位，一份一份的，因此不可能平摊。这个假设让普朗克的基本信念崩塌了，可是他又不得不咬牙发狠这么做。除了热力学定律不可抛弃以外，其他的一切他都豁出去了，没有什么是不能推翻的。

$$I\left(\nu,T\right) = \frac{2h\nu^3}{c^2}\frac{1}{e^{\frac{h\nu}{kT}} - 1}$$

I：辐射率　　　　c：光速
v：频率　　　　　e：自然对数的底
T：黑体的温度　　k：玻尔兹曼常数
h：普朗克常数

图4-7 普朗克黑体辐射定律

果然，借用这个不连续的能量子假设，普朗克完全推导出了黑体辐射公式（图4-7），这与自己拼合维恩公式和瑞利-金斯公式得到的结果一模一样。在这个公式里面，他提出了一个常数h，这个常数日后被称为普朗克常数，就是以他的名字命名的。这可是宇宙的三大普适常数之一，另外两个是万有引力常数G和光速c。在普朗克的思想里，每个频率的光都是一份一份发射的，每一份的能量是hν，也就是普朗克常数乘上频率，这就是能量子概念，简称"量子"。

他成功了，却感受不到一丝的喜悦。有传说他跟儿子小卡尔在树林里散步的时候，曾经很得意地说自己很牛，跟牛顿一样牛。从普朗克的脾气来看，他不是这号人。后人在为他写传记的时候也不相信这样的说法。在之后的5年里，他的能量子假设根本无人问津，直到碰到25岁的爱因斯坦。之后很多年，普朗克仍然日思夜想，试图弥合不连续的假设和经典物理学之间的关系。他一直都想不明白为什么这个不连续假设如此完美。他已经打开了量子的大门，自己却徘徊在门外，一辈子都不敢迈进去。

黑体辐射的公式已经计算出来了，但是问题并没有完全解决，普朗克在苦苦地煎熬，玻尔兹曼也好不到哪儿去。现代热力学整个都建立在统计的基础之上，19世纪，热力学慢慢得到了完善，特别是在热力学三大定律提出后。蒸汽机被大规模使用，提高热机的效率成了研究热门。热力学第一定律就是我们非常熟悉的能量守恒定律，也是我们这个宇宙的基本法则，简而言之，能量不能凭空产生，也不能凭空消灭，它只会从一种形式转化成另一种形式。这条定律也就判了第一类永动机的死刑，不劳而获是不可能的，这很容易理解。但是第二定律就没那么容易理解了。孤立系统的熵永不自动减少，熵在可逆过程中不变，在不可逆过程中增加。热力学第二定律也有很多其他的表述方式，但是无一例外，都强调了单向性。

热力学第二定律直接判了第二类永动机的死刑。有人幻想，假如现在海水温度能降低一摄氏度，那释放的热量就够人类用好久的，那也近似于永远动下去了。想得还挺美，海水凭什么白给你那么多热量，热量总是从温度高的地方流向温度低的地方，所以第二类永动机也是不可能的。

对热力学第二定律给出最好阐释的就是玻尔兹曼。他指出，所谓的熵，就是混乱度。玻尔兹曼证明了从混乱变得有序的几率低得不能再低了，基本上是不可能发生的。但是从有序变得混乱却是很容易的事情。玻尔兹曼因为坚持原子论，跟坚持唯能论的奥斯特瓦尔德争吵了有10年之久。奥斯特瓦尔德背后就是哲学大神马赫。最后，玻尔兹曼惨胜，差点儿把老命也搭上。普朗克也是站在玻尔兹曼这边的。正是玻尔兹曼在统计物理方面的思想给了普朗克很大启发，普朗克才敢把能量发射过程描述成不连续的。但是这个玻尔兹曼恃才傲物，谁都不放在眼里，跟普朗克的关系也不是太好。

哲学大神马赫退休后，玻尔兹曼接了马赫的班，但是他给学生们讲哲学课也不大成功，自信心受到严重打击。从此，玻尔兹曼的大脑的熵值就在抑制不住地增加，说白了就是大脑越来越混乱。到1906年，他用一根窗帘绳结束了自己的生命。他的学生埃伦费斯特在27年后步其后尘，只是方式更加惨烈，他持枪打死了自己患有唐氏综合征的儿子后，饮弹身亡。

1906年是不幸的一年，突然去世的不仅有玻尔兹曼，还有皮埃尔·居里。他因车祸不幸身亡（图4-8），居里夫人成了寡妇。她穿着丧服走上讲坛，代替死去的丈夫讲课。这门课只有她能讲，这也是巴黎的大学里第一次出现女教师讲课。当然，风言风语是少不了的，阻力来自四面八方，女人逆袭男人们的世袭领域，自然会引起不满。何况自古寡妇门前是非多，这是后话了。

图4-8 居里先生出了车祸

接下来的几年也有一连串的发现，1902年的诺贝尔奖发给了一个荷兰科学家塞曼。和他一起分享诺贝尔物理学奖的就是大名鼎鼎的洛伦兹，他们俩因为研究磁场对光谱的作用而获奖。塞曼发现在强磁场下光谱线居然会加宽，放大以后仔细观察，光谱线不仅仅是加宽了，而且分裂成三条（图4-9）。他百思不得其解，于是向洛伦兹求助。洛伦兹一看，来了精神。

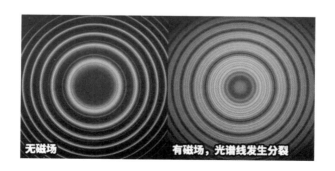

图4-9 磁场对光谱线的影响

洛伦兹是经典电子论的创立者。他认为一切物质的分子都含有电子，阴极射线的粒子就是电子。洛伦兹对磁场的研究相当深，他描述磁场对电荷的作用力，就被称为洛伦兹力。洛伦兹觉得光谱线在磁场里面必定要分裂，因为光也是电磁波嘛，还不是电子振动的结果。按照他的理论，光谱在磁场之中发生分裂是理所应当的，这种分裂的现象被称为"塞曼效应"。不仅是光谱会发生分裂，光的偏振方式也会发生变化。现在我们测量某个遥远恒星的磁场，就靠塞曼效应。只要看看光谱线的宽度，就可以估计出磁场的强度。1908年，加州的威尔逊山天文台就利用塞曼效应测量了太阳的磁场，这也是破天荒的第一次。于是洛伦兹和塞曼这师徒俩就拿到了1902年的诺贝尔物理学奖。但是科学通常是按下葫芦起了瓢，不久后发现了反常塞曼效应，光谱线不再是简单地展宽，仔细一看，光谱线居然不是分裂成三条，间隔也不相同。这下洛伦兹麻爪了，他的理论无法解释这种现象。师徒俩无意中又挖了一个大坑，不知道有多少人要栽到这个坑里。

这几年，其他人也没闲着，年轻的爱因斯坦和小伙伴们组成了一个读书会，正在畅谈马赫、庞加莱、斯宾诺莎、休谟等人的思想，这个读书会叫奥林匹亚科学院。那个属于他的奇迹之年还要等几年才能来到。1900年，远渡重洋的卢瑟福在加拿大的蒙特利尔发现钍放出放射性气体，他将这种气体称为钍射气，还发现钍射气能产生别的放射性淀积物。他与青年化学家F.索迪合作，在1903年共同发表了《放射性的原因和本质》这一划时代的论文，他们宣布放射性原子是不稳定的，通过放出 α 或 β 粒子而自发地变成另一种元素的原子。化学元素之间的门户壁垒已经被打破，原来一种元素是可以变成另外一种元素的。

本来发现新元素都是化学家们的事，现在被物理学家们抢了地盘。物理学家已经展开遐想，是不是可以制造自然界中没有的新元素呢？各种元素的原子又有什么差别？原子与原子的不同又在哪里呢？假如原子可以相互转化，那么原子必定还有内部结构。"原子"这个词按照古希腊语来讲就是不可分的意思，现在看来不是那么回事。微小的原子内部仍然有结构。电子是带负电的，那么原子里面必定存在带正电的部分。他怀疑 α 粒子是带正电的，在磁场里应该是走曲线而不是走直线，但是哪怕他用最大的电磁铁，也

没把 α 射线掰弯。到了1903年，他终于把 α 射线掰弯了。没错，α 粒子是带正电的，但是因为质量大，磁场弱了掰不动，不太容易观测。

开尔文勋爵坐不住啦，他开始研究原子结构模型（图4-10），这个正电部分和电子之间到底是什么关系呢？开尔文勋爵认为原子就是小球，整体是带正电的，里面嵌着带负电的电子，于是整体看起来正负抵消，原子是不带电的。

开尔文模型　　　　　长冈模型　　　　　J·J·汤姆逊模型

图4-10 早期电子模型

这时候有个日本人不干了。他认为正负带电粒子不可能掺和到一起还相安无事。这个日本人叫作长冈半太郎。他提出了一个土星模型，他认为电子就像土星的卫星一样，是围着土星转的，他试图以这个模型来说明光谱线是如何形成的，依据的还是经典的麦克斯韦电磁学理论。长冈半太郎的模型是个有核的模型，他认为正电荷是在中间的，当时大家已经猜到正电荷的质量很大，因为电子质量很小，原子质量是一定的，估算一下都能想到。所以长冈半太郎也认为核应该非常大，就像土星和它的卫星的关系。

汤姆逊提出个葡萄干面包的模型。他认为，电子就是嵌在面包里面的葡萄干。你想啊，那么多带负电的电子，肯定会互相排斥。可是中间那个正电荷力气大，把大家吸引在自己周围，达到一个平衡状态。6个电子，够摆一圈了。要是电子多于6个呢？那好办，摆两圈呗。按照汤姆逊的这个模型，正好可以解释元素周期律。一圈一圈的电子也不是静止的，而是在里边排着队转圈。

原子模型要想获得成功，有三关要过：首先要能稳定存在，就拿长冈的模型来讲，按照经典力学，电子绕着核旋转会辐射出电磁波，能量会源源不断地辐射出来，电子的能量就会减少，最后坠毁在核上，这是个不稳定的模型；第二点是要能解释元素周期律；第三点是需要解释元素光谱线的所有现象，包括塞曼效应和反常塞曼效应，还有椭圆极化等一系列现象。

大家对汤姆逊的这个西瓜模型一顿吐槽，这怎么解释光谱线呢？真正要解释原子的结构，还要再等些时日，汤姆逊的学生卢瑟福正领着一帮助手和学生努力奋斗。汤姆逊提出这个原子模型的时候已经到了1904年了。第二年，1905年，就是所谓的物理学的奇迹年，那个天才的爱因斯坦终于等到了他一鸣惊人的时候。

05.量子物理学草创时期的"三巨头"

1905年，那是热闹的一年。这一年在东北的土地上发生了日俄战争，俄国人打输了，全世界都为之侧目，欧洲大鼻子败给了亚洲小鼻子。俄国国内也炸了锅，整个俄国一片混乱，到处有罢工和暴动，史称1905年革命。这一年，同盟会在日本成立，国内也开始动工建设我国自主修建的第一条铁路——京张铁路。

这一年在物理学史上被称为奇迹年，因为一个在伯尔尼专利局工作的年轻人接连发表了5篇论文，在后世看来，每一篇都很精彩，特别是那一篇划时代的文章《论运动物体的电动力学》，直接开创了一门前所未有的运动学——狭义相对论（详细情况可以去看我写的《柔软的宇宙》这本书，重点讲了相对论）。这里我们重点要讲的是另外一篇论文《关于光的产生和转化的一个试探性观点》，这篇论文是量子力学的重要里程碑之一，但是这篇文章在当年并没有引起物理学界的太大关注。

大家对爱因斯坦（图5-1）这篇论文不感冒是有原因的，那时都认为光电效应已经被成功地解释了，不需要爱因斯坦多此一举。仔细研究并且解释了光电效应的那个科学家，刚好在1905年这一年拿了诺贝尔物理学奖。那是出了名的实验物理学家，当年可是如日中天。相比之下，日后的巨星爱因斯坦，当时还是"萤火虫的屁股——没多大点儿亮"。这个所谓的物理学的奇迹年是后来爱因斯坦名气大了，人们才追封的，当时并没有那么轰动。

1905年拿了诺贝尔奖的这位科学家，叫勒纳德。这个勒纳德一直在研究阴极射线，那年头大学实验室里要是没个研究阴极射线的，都不好意思见人。汤姆逊不是发现了阴极射线是电子流吗？勒纳德知道了这个消息，他也开始研究，把目光盯上了光电效应。

图5-1 爱因斯坦

　　说起光电效应，往前追溯的话，要追溯到亚历山大·贝克勒尔那儿去，也就是我们前文讲的发现放射性的那个安东尼·亨利·贝克勒尔他爹，我们就称他老贝克勒尔吧。他家四代都是科学家。老贝克勒尔他爹研究的是电解方法提取金属。而老贝克勒尔19岁就发现了贝克勒尔效应：在电解液里面放上相同材料做成的两根电极，一个有光照，一个没光照，居然有电流。这是1839年的事，这个效应就预示着光与电是分不开的。

　　再到后来，那就是著名的赫兹实验（图5-2）了。赫兹是基尔霍夫的学生，他对电学特别感兴趣，尤其是对麦克斯韦的电磁学理论很熟悉。赫兹就想验证一下麦克斯韦预言的电磁波是不是正确。当时德国物理学界都信奉韦伯的理论。韦伯认为电磁是瞬间传送的，不需要传递时间。麦克斯韦则认为电磁作用的传递需要时间。1887年，赫兹做实验验证这个理论。他用一个火花装置来产生电磁波，接收端是一个有缺口的金属圆环，他把这两个装置隔开一段距离，这边一打火花，那边的圆环缺口上也应该有火花冒出来。他怕看不清，特地造了个暗室，黑灯瞎火的就为了观察火花时不被干扰。果然，他看到有火花感应出来，说明电磁作用可以传播一段距离。金属环离开火花发生器有10米呢，不算近了。他在暗室的一面墙上铺了大片的金属板，这样电磁波就可以反射回来，与入射波叠加，形成"驻波"，有的地方强一点，有的地方弱一点。赫兹前后移动圆环，来测量哪里强，哪里弱。他就靠用这个办法得出的数据反推了电磁波的速度。赫兹发现，电磁波的速度居然跟光是一样的。这是1888年的事了。到了1889年，他就宣称光和电磁波是一回事，光是一种电磁现象。此时距离麦克斯韦大师去世刚好10年。爱因斯坦小朋友那年刚好10岁。

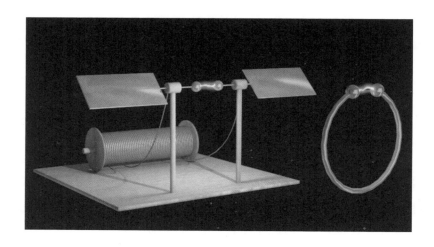

图5-2 赫兹的实验装置

发现电磁波的过程是复杂的，赫兹一次又一次地做电磁波实验，其间碰到一大堆问题自不必提。为了看清楚微弱的火花，他不得不钻到小黑屋里操作，黑灯瞎火当然对实验操作不利。有一天，他又心血来潮，用黑布把接收端的圆环挡住，假如黑布蒙头能看清楚火花，他就不必钻小黑屋了。哪知道，这次火花消失了，拿走黑布以后火花又出现了。难道黑布能挡住电磁波？看着不像啊。他调整了缺口大小，问题解决了，用黑布挡住也不耽误火花的出现。

那么，一块黑布带来了什么差异呢？那就是光照，假如有光照射，火花就可以拉得更长。没有光照，就必须缩短缺口才能打出火花。赫兹心里嘀咕，天下有这种新鲜事？他仔细研究，发现不是任意光照都有效，最好是电弧的光亮。不用黑布，改用一块玻璃遮挡，火花消失了。有一种光无法穿透玻璃，因此照射不到缺口上。再换个透光率高的试试看，他换上水晶，火花果然出现了。也就是说，这种光能够透过水晶，无法透过普通玻璃。可是用眼睛看起来，普通玻璃和水晶玻璃没什么差别，难道在可见光波段之外两者有差别吗？

一不做，二不休，赫兹拿出授业恩师的看家本领，请出了法宝三棱镜，而且还是水晶三棱镜。他的老师不就是那位发明三棱镜分析光谱的基尔霍夫嘛。三棱镜之下，白光变成了彩虹色；用红光照射一下试试看，不见效；再往频率更高的波段移动，也还是不动。赫兹发现，并不是任意波长的光照都有效，最好是紫外光，效果特别明显。于是赫兹写了一篇论文，名叫《紫外线对放电的影响》。

论文一发表，反响很强烈，大家都开始关注这个现象。这个现象就被称为光电效应。只靠盯着火花大小显然不行，要设计容易测量的实验形式才行。后来装置改成金属板，前面放上金属网，金属网接电池正极，金属板接电池负极。回路并未接通，不应该有持续电流，但是拿弧光一照，居然有电流通过，而且必须是电火花的弧光才行，因为弧光含有大量紫外线，普通的光没那么大的本事。后来汤姆逊做了个著名的实验，证实光电效应就是金属板上的电子飞了出来，被金属网收到了。前文提过，这里就不重复了。

按照经典的电磁理论，光也是电磁波，电子是带电的，光照上去，电子经不住电磁波的"忽悠"，被振得跑出来了，就引发了光电效应。到了1900年，勒纳德又有了新发现。光照金属板不是有电子跑出来吗？那光电子的动能有多大呢？勒纳德（图5-3）想出了一个好办法，加上反相电压。只要电压足够，电子就跑不出来了。测测需要多大的反相电压，就可以算出光电子的动能。这一测量不要紧，又出现奇怪的事了，电压和光照强度没关系。按照经典电磁理论，光越强，能量越多，电子获得的能量就越多，电子的速度就应该更快。但勒纳德发现根本不是这么回事。电子的动能与光照强度没关系，而是跟光的频率有关。低于某个频率，无论多强的光，电子就是不出来。

这样的话，观察到的现象与现有的理论就出现矛盾了。首先，经典理论跟频率没关系；其次，按照经典理论，电磁波忽悠电子往外跑，那也要像功夫大师推太极球那样，来回几次，不断积累能量，最后一发力推出去了，这个过程哪能那么快呢？可是光电效应来得太快，光一照，立刻就来了。这怎么解释呢？

图5-3 勒纳德

勒纳德憋了半天，最后想出一个不违反经典电磁学的说法来解释此事。

这个电子的能量不来自于光。说白了就是并非是像太极高手那样不断地推球，把球给扔出去的，光只是起个扳机的作用。电子本来就要跑，可惜被憋住了跑不出去。电磁波恰好跟电子共振，频率一匹配，电子就自己跑了。既然是扳机，那么电子的动能也就跟光的强度没关系，这一切不就有个圆满的解释了嘛！

他想得还挺美的，还觉得是不是可以利用这个现象来研究原子内部的构成。电子为什么就不老实，非要逃跑呢？一定跟原子结构有关系。原子结构在那年头也还没个定论，大家都在摸索。听他这么一说，大家都觉得有道理，理解起来也不困难。1905年，为了奖励勒纳德在阴极射线方面的研究，颁给了他诺贝尔物理学奖。

可是那个专利局的小职员爱因斯坦不是这么看的。他认为光这个东西必有蹊跷。要知道，相对论和量子力学要解决的一个大问题，就是光的性质。光到底是什么？自打牛顿时代起，关于光是粒子还是波就已经吵得不可开交了，那是由来已久的一场争论。1801年，一个叫托马斯·杨的眼科大夫做了双缝干涉实验，证明光是一种波，后来再也没人说光是粒子了，光的波动学说占了上风。大家都觉得既然光是波，那么波应该有传输介质，那应该就是在以太里面传播的，电磁波就是以太的振动。可是现在是1905年，是爱因斯坦大发神威的年份，狭义相对论首先就抛弃了以太，爱因斯坦认为不需要以太，光也能传播。可是我们知道，机械波都是需要传播介质的，不可能脱离介质而存在。爱因斯坦要想抛弃介质，就必须解决这个问题，光到底是怎么传播的。

他看到普朗克的文章，茅塞顿开。原来这东西是不连续的，一份一份的。20多岁的毛头小伙子爱因斯坦很容易就接受了这种离经叛道的不连续概念。在他发表的论文《关于光的产生和转化的一个试探性观点》里面，开篇先总结过去，回顾了光的粒子假说和波动假说是如何打了多年的架，揪出了一堆经典理论的"Bug"。然后话锋一转，指出假如把光看成不连续的，那就好办了，黑体辐射、荧光、紫外线产生、阴极射线……就都好解释了。这个"紫外线产生阴极射线"就是指光电效应，阴极射线就是电子流嘛。爱因斯坦指出，只要认为某种频率的光有一个最小能量单位，那就一切都好办了。

最小单位叫作能量子，爱因斯坦叫它光量子，后来简称光子。

爱因斯坦说，一个光子把全部能量给了一个电子。假如光子能量够大，那么就足够让电子跑出来。光子的能量跟频率成正比，能量等于普朗克常数×频率（$E=h\nu$）。

爱因斯坦还挺得意。普朗克，我用了你的常数，你应该高兴才对嘛。普朗克无名火起，你还是一边儿蹲着吧，你那是胡扯，大家别听他的。

爱因斯坦的公式没有得到广泛承认，就连普朗克都不承认。普朗克并不是一个保守的人，他一直很欣赏爱因斯坦，特别提携这个年轻的后辈。但提起爱因斯坦对光电效应的解释，普朗克就是不认账。1913年，普朗克推荐爱因斯坦进普鲁士科学院，把爱因斯坦夸得像朵花，可末了还是来了一句："有时，他可能在他的思索中失去了目标，如他的光量子假设。"还是对他的光量子公式不以为然。

从1900年普朗克推算出黑体辐射公式那会儿起，一直到1926年左右，这段时间可以认为是量子力学草创时期。在这之前可以称为经典时代。由此，你也可以理解普朗克为啥对着爱因斯坦的光量子理论直晃脑袋了。从经典物理过渡到量子力学需要迈过两道关口，第一道关口就是所谓的"不连续"。虽然普朗克第一个引入了不连续概念，但他内心并不喜欢这个概念。爱因斯坦根本没有这个心理负担，他兴高采烈地就跨过了这第一道关口，却栽到了第二道关口面前，这第二道关口叫作"不确定"。当然这是后话了。爱因斯坦不断地就这个问题跟某人吵架，但是一辈子也没吵赢。别急，这个人就快登场了。

1907年，爱因斯坦还在专利局上班。尽管很多人都在讨论他的狭义相对论，但是他们基本都没发现这个理论还是存在问题的，那帮人吵吵嚷嚷的那些佯谬其实没什么问题，反倒是没注意的地方有"Bug"。爱因斯坦自己心知肚明，两个问题在他脑海里始终挥之不去，一个是引力始终写不成符合相对论的形式，第二个是惯性系没法定义。

专利局就在邮电大楼顶层。有一天，爱因斯坦忽然喃喃自语道：要是从楼上跳下去，会有什么感受呢？不知道他旁边的同事们有没有问他，物理界最近接二连三地出问题，去年玻尔兹曼自杀了，你是不是也想不开啊？从楼上跳下去首先会感受到疼，然后呢？没有然后了，人就摔死了嘛。爱因斯坦心想，哪儿跟哪儿啊，我是想研究失重是什么感觉！

失重跟相对论有关系吗？关系大了去了。欲知详情，可以看我另外一本书《柔软的宇宙》，详细讲了爱因斯坦是怎么从狭义相对论转向广义相对论的。反正爱因斯坦就开始琢磨了，这事一直折磨着他，直到1913年才初步成型，1915年才正式敲定，这是题外话了，一笔带过。

秃笔一支，难表两家之事，我们再来说英国人。1907年，卢瑟福回到了英国。他在加拿大当了好多年物理系主任，一直干得不错，这一次回到英国本土是到曼彻斯特大学当物理系主任。到了1908年，他收到一封来自斯德哥尔摩的信。卢瑟福一看，不由得喜上眉梢，原来这封信正式通知他，他已经获得了诺贝尔化学奖。卢瑟福还纳闷儿呢，自己搞了一辈子物理，怎么一不留神就成了化学家了？估计是评审委员会也觉得卢瑟福贡献蛮大的，应该获得诺贝尔奖，但是这一年的物理学奖发给别人了，要不就让他凑合着拿个化学奖算了，反正是研究原子内部的事，化学和物理两可。那年的物理学奖给了谁呢？给了发明彩色照相术的李普曼。

卢瑟福是桃李满天下，在曼彻斯特大学也带出一帮精兵强将。其中就有两位实验物理高手，一个叫盖格，后来发明了著名的盖格计数器，还有一个叫马斯登。在卢瑟福的指导下，他们一起做了物理学史上最美的实验之一，也就是 α 粒子的散射实验（图5-4）。

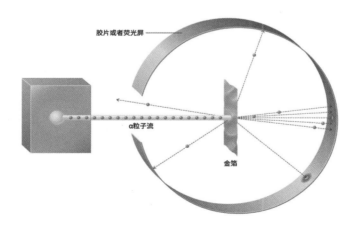

图5-4 α粒子散射实验

他们拿 α 粒子去轰击金箔。绝大部分粒子都穿过去了，基本不受影响。如此说来，原子内部是空空荡荡的，以至于 α 粒子轻松地就穿过去了。按照汤姆逊的原子结构模型，原子应该是个西瓜，整个带正电，电子就像西瓜子，带负电，电子镶嵌在原子上。那么金箔就应该像一堆西瓜堆在那里，没理由子弹打过去啥都碰不上。他们本来做实验的目的是为了验证老师的老师汤姆逊的西瓜模型，本意是给老师捧场啊，怎么变成打脸了？只有1/8000的粒子发生了大角度偏转，说明是打中了某个东西发生了反弹。由此说明，原子的核心部分是非常小的，显然不是汤姆逊的西瓜模型能解释的。那么长冈半太郎的土星模型呢？好像也不对。土星模型跟西瓜模型的区别就在于电子是在里边走还是在外边走。长冈认为是在外边绕着原子转。即便按照长冈的模型，也应该很容易打中才对。难道原子核小到令人难以想象吗？

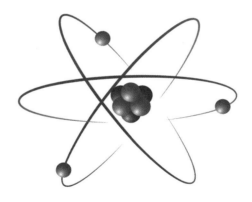

图5-5 行星模型

卢瑟福提出了他的行星模型（图5-5），他认为原子的结构就像是太阳系一样，大部分质量都集中在小小的原子核上。假如氢原子核是一个篮球，那么氢原子的直径就达到16千米，几乎是北京三环或上海内环的直径，可见两者相差之悬殊。周围是电子在绕着原子核运动。电子的质量是氢原子核质量的1/1840。还是把氢原子核比作篮球，那么一个电子大约只有1.5克拉的钻石那么大，更是小得可怜。由此可见，原子内部是空空荡荡的，因此 α 粒子在轰击金箔时，绝大多数都毫无阻碍地穿过去了，什么也没碰到。从这个角度来讲，卢瑟福的模型是有说服力的。但是他仍然会碰到先前的老问题：假如电子绕着原子核旋转，会不断辐射出电磁波，电子的能量会越来越低，绕的圈圈会越来越小，最后坠毁在原子核上，原子根本无法稳定存在。这一切显然没发生，为什么会是这样呢？

解决这个问题的人已经出现了。此人当年在绿茵场上做门将，满脑子仍然在计算物理问题，物理才是他的最爱。这个学生就是后来大名鼎鼎的尼尔斯·玻尔（图5-6）。他弟弟的足球比他踢得更好，代表丹麦参加了1908年奥运会。

图5-6 年轻的玻尔

玻尔先到了剑桥卡文迪许实验室，见过了汤姆逊教授，汤姆逊教授让他研究一下阴极射线。后来，他去曼彻斯特拜访父亲的友人之时遇到了卢瑟福，经过一系列的调动手续，他转而跟随卢瑟福学习和工作。

至此，量子物理学草创时期的前三位巨头都出场了。玻尔兹曼是告诉普朗克，那边有个门，可能是出路，这个门叫"不连续"。普朗克第一个打开了量子力学的大门，可是他自己吓得不敢进去，始终在门口徘徊。第二个人是爱因斯坦，他欢天喜地地蹦进去了。第三个人就是尼尔斯·玻尔。那时候玻尔还年轻，是个毛头小伙子，看起来有些木讷，爱因斯坦也差不多，但这不妨碍他们俩成为一代宗师。倒是后来出现的泡利、朗道和数学界的冯·诺依曼，个个都是霸气外露，聪明过人。玻尔从汤姆逊和卢瑟福那儿了解了原子模型的问题，把自己的精力投入这个领域，要再等几年才是开花结果的时候，现在他还在卢瑟福的指导下闷头搞研究呢。

06.索尔维会议：决战量子之巅

　　在20世纪头十年内，物理学界明确接受量子论的人并不多，为数不多的几位科学家里面就有能斯特（图6-1）。他一直在研究固体比热的问题。爱因斯坦用量子理论来解释固体比热，给了能斯特很大启发。爱因斯坦说，在足够低的温度下，固体比热将随着温度的下降而下降。我们通常认为，在常温下，固体的比热是个固定不变的值。可到了超低温下，比热已经不是个固定值了。能斯特正是对低温实验感兴趣，这个实验要求的温度大约是液态氢的温度范围，即零下252摄氏度以下，实现起来太过困难，一折腾就是三四年。一直到1910年，能斯特才得出实验结果，结果与爱因斯坦的预期一致。能斯特亲自跑到苏黎世找爱因斯坦。当时能斯特的名气比爱因斯坦要大得多。他本来不相信量子论，这一回却心悦诚服，不管别人信不信，反正能斯特是信了。能斯特为什么对低温这么感兴趣呢？因为他总结出一条新的热力学定律，也就是热力学第三定律。简而言之，就是不可能用有限次操作，把物体的温度降到绝对零度。所以他对低温特别感兴趣，哪知道歪打正着，验证了爱因斯坦有关固体比热的计算。当然，爱因斯坦的计算后来还是需要些许修正，但是思路和方法没有大问题。

　　能斯特通过这件事发现，现在物理学界有很多问题让大家吵吵嚷嚷的，都没个定论。在这个世纪之交冒出来太多的物理学发现了，千头万绪。看来物理学界需要更多的交流，让大家的思路彼此碰撞一下。他正想着呢，有人不请自来，好事送上门了。

图6-1 能斯特

    19世纪后半叶是个大亨辈出的年代。以美国为例，先后出了铁路大亨范德比尔特、石油大王洛克菲勒、钢铁大王卡内基。欧洲也出现了一大堆工业巨人，比如那个炸药大王诺贝尔。到了20世纪初，这帮子大亨都垂垂老矣，他们转向比赛搞慈善，卡内基甚至说："一个人在巨富中死去是一种耻辱。"他们可劲儿花钱，活着一天就捐一天。洛克菲勒也是这样，捐的比卡内基还多，因为他活得比卡内基长。欧洲这边，诺贝尔早就去世了。他立下遗嘱，从遗产里拿出钱来搞诺贝尔奖，奖励和资助科学家。他这么做，或多或少是因为内心不安，毕竟他鼓捣的炸药可以用来杀生害命。这个奖项如今成了世界科学界的最高荣誉，当然，也是因为这个奖项的运作极为成功。

    有个比利时实业家叫索尔维（图6-2），是位化工专家，他创造的索尔维制碱法极大地提高了纯碱的产量，价钱也很便宜。就靠这套制碱法，索尔维发家致富，成了腰缠万贯的实业大亨。别看他是化学家，但是人家也有个理论物理的梦，对于宇宙和引力也有独特的看法，还写了一本书叫《万有引力与物质》。看来他打算抢爱因斯坦的饭碗。他捐钱在布鲁塞尔建物理研究所、化学研究所，银子花得像流水一样。人老了，正好是圆梦的时候，时间不多了，再不搞就赶不上了。

图6-2 实业家索尔维

索尔维也想设立奖金用来奖励科学家。但是诺贝尔抢先了，他再搞的话，有点山寨的意思。有人就指点他，诺贝尔奖偏重实践，你不妨偏重理论，搞出差异化。诺贝尔死了才搞奖金，他自己不能在科学大牛面前露一手，可您还活着呢，可以到顶级科研圈子里面去交流交流，您不是也有物理上的见解吗？索尔维觉得这话说得对。

索尔维和理论科研的圈子并没有什么交集，他是两眼一抹黑，不知该找谁。这时，他机缘巧合碰到了能斯特，两人一拍即合。能斯特提议，咱们召开一次学术会议吧，把欧洲物理学界的名家大腕儿全请来，好吃好喝地招待，大家就物理学前沿问题畅所欲言，您也可以在大会上发言，讲述您的宇宙理论。

索尔维一听，这主意不错。他和能斯特分工协作。能斯特负责找人，准备议题，毕竟他对科研圈子比较熟。索尔维负责总后勤，吃住的饭店、会议场所、应酬招待各项事宜都要准备，各位大牛的红包总不能少吧。

最后，大会在1911年10月30号如期开幕了，来的都有谁呢？

英国：卢瑟福，金斯。

法国：居里夫人，庞加莱，朗之万，佩兰，布里渊。

荷兰：洛伦兹（大会主席），昂内斯。

丹麦：克鲁森。

奥匈帝国：哈泽内尔。

德国：能斯特，普朗克，维恩，索末菲，沃伯格，鲁本斯，爱因斯坦。

大家也看得出，理论物理的重心已经转移到了德国人手里了。大英帝国只来了两个人，法国来了5位，德国来了7位，从人数上就体现了这一点。当然啦，也可能是因为能斯特是德国人。不管怎么说，来的全是成了名的物理学大腕儿，爱因斯坦那时候算是青年才俊了，那年他32岁。讨论的议题肯定离不开最新鲜的量子论和相对论，卢瑟福还可以讲讲他最新的原子模型，也就是行星模型。小字辈是没资格参加的，玻尔当时还不够资格。不过也有年轻人做了大会秘书，负责记录各位大佬的发言，并在会后整理。其中有一个年轻人名叫莫里斯·德布罗意，会议记录被他弟弟看到了，他弟弟从此放弃了本行历史学，改学理论物理，一干就是一辈子。

就在这次大会上（图6-3），量子理论走出德国，走向世界。

图6-3 第一届索尔维会议

全世界的物理学家们碰头开会的主题是啥呢？是辐射与量子理论。其实，大家当时对原子辐射有三个困惑：这个原子辐射好像可以源源不断地放射出能量，似乎违反了热力学第一定律，也就是能量守恒定律。贝克勒尔就发现，一克镭元素能把一克的水烧开，放射性元素释放出的能量是惊人的。居里夫人也很困惑，放出了辐射以后，这些元素好像也没啥大变化。那是不是可以持续放射下去呢？有人就提出，这些能量来自元素的外部。他们就把放射性元素拿到很深的矿井里面，这样是不是可以减少外界的能量输入呢？结果，放射性元素还是一如既往地放出能量。看来不是外部能量输入造成的，那就应该是元素的内部原因了。那么这些能量来自于哪儿呢？

元素内部产生的能量似乎不受外界影响。居里夫人和莱顿实验室的科学家们把放射性元素冰冻到了液态氢的温度范围，放射性元素发出的热量与常温下没什么差别。卢瑟福把溴化镭放在了一颗炸弹的内部给引爆了，即便是如此的高温高压，放射性元素仍然我行我素，不为所动，2500摄氏度高温下，镭元素发出的热量也没啥变化。能量到底是哪儿来的呢？一个如今大家都熟悉的名词被提了出来，那就是原子能。

原子能这个词是卢瑟福发明的。爱因斯坦在一边儿窃笑不语，他当然知道这个能量来自何方。不过即便爱因斯坦说了也没用，他说的话大家未必赞同。要解释原子能自何处当然需要用到他大名鼎鼎的质能公式$E=mc^2$。爱因斯坦发表的有关相对论的第二篇论文里面就提到，能源可能来自于质量的亏损。当时看懂相对论的都没有几个，更没人能够联想到原子内部。这时有个小朋友才5岁，这个小朋友在21岁的时候写了一本好几百页的关于相对论的书，把爱因斯坦吓了一跳。这个神童后来还寻思是不是可以用放射性能量来验证狭义相对论里面的质能方程。也就是说十几年后还没法子精确地测量质量亏损，毕竟损耗的质量微乎其微。这个神童叫泡利。爱因斯坦写相对论论文的这档口，他还是幼儿园的小朋友呢。

当时还没发现原子核，因此这个原子能是不可以被称为核能的。到后来，美国开始研究原子弹，需要写报告，当时打算用核能这个词，但是怕大家搞不懂啥叫核能，因此还是用了原子能这个词，但是含义已经不一样了。原子能从何而来是有关放射性的第一个问题。因为当时人们不知道这东西是哪儿来的，一度动摇了对能量守恒定律的信心。

第二个问题就是半衰期问题，早在1900年，大家就发现放射性元素是不稳定的，每隔一段时间就会有一半衰变成其他物质，大家搞不懂，为啥它不是齐刷刷地从一种元素变成另一种元素，而是隔一段时间变一半。就拿镭元素来讲吧，大概要花1600年。那么凭什么这个镭原子就比那个镭原子寿命长呢？

第三个问题跟第二个有关。为啥有的元素有放射性，有的元素没有放射性呢？或者，是不是可以认为，那些看上去稳定的元素，半衰期大得吓人，千万年也不会有几个原子衰变，因此看不出来呢？

从第一届索尔维会议到第二届索尔维会议，这几个问题都困扰着大家。剩下的就是有关量子的话题了。量子论也从几个德国人那里飞向全世界，欧洲的物理学大拿全在一起讨论。卢瑟福也参加了，他这年夏天刚搞出了原子模型。居里夫人是搞实验的，也觉得放射性应该与原子核内部结构有关系。现在汤姆逊的那个西瓜模型显然不好使。卢瑟福倒是真沉得住气，自己的研究成果一个字也没提，去开会只带了耳朵没带嘴。这毕竟是欧洲物理学家第一次碰头大聚会。大家彼此交换了对现在最前沿问题的看法，都感到经典物理进入20世纪以后有点儿大事不妙的迹象。

物理学家们来开会，也要给化学家留出时间。谁？老爷子索尔维从怀里掏出一大堆稿子，开始讲述他对引力的感受和有关宇宙的设想。我估计大家是卖他个面子，在底下竖着耳朵听。没过一会儿，大家耳朵就全耷拉下来了，爱因斯坦估计意见最大，因为他那时也琢磨宇宙问题呢。但是大家也没办法，毕竟金主的面子还是要给的。最后，大家一起合影，索尔维老爷子有事没来，现在网上流传的第一届索尔维会议的照片上本来不应该有索尔维老爷子，但是人家自己后期合成上去了，所以你看看老爷子周围，还是能看出来痕迹的。那时候没有电脑，但是有了暗房技术，冲洗照片的时候可以二次曝光。

会开完了，卢瑟福回到英国，屁股还没坐热，玻尔就找上门来了。卢瑟福就跟玻尔描述了一番会议内容。放射性的问题玻尔都知道啊，但他还是对有关量子的东西很感兴趣，他下决心要搞清楚原子内部的结构。卢瑟福也想搞清楚，师徒二人想到一起去了。卢瑟福提出了太阳系行星模型，玻尔当然知道。卢瑟福的这个模型是个有核的模型，而且是个微小的核，原子内部其实很空旷。这个模型前人也有过类似的设想，要不也不会有长冈半太郎的土星模型。说明大家都往这儿想了，但是没敢明确地提出来。卢瑟福的学生做了α粒子的散射实验，卢瑟福心里有底了，才把这个模型提了出来。后来证明，卢瑟福的运气也是非常好。原子核之间的强相互作用没有显现出来。α粒子也是原子核，要是跟金属原子核相撞，在距离足够近的情况下，会给卢瑟福找一堆麻烦。但是当时他们的能量不够大，强力没有显示出来，算是运气比较好。

当时大家普遍对卢瑟福的这篇文章不太感冒，几乎没啥反应。因为卢瑟福的这个行星模型虽然很好地揭示了α粒子的散射，但是它有两个缺陷：既不能解释元素光谱从何而来，也不能解释元素的周期律。还有为啥电子围着原子核旋转，能够一直稳定地存在下去？为啥电子就不会坠毁在原子核上面呢？放射性是怎么鼓捣出来的？这一连串的问题，卢瑟福都没法解释。但是卢瑟福相信自己的直觉，这个方向应该是大差不差的。

图6-4 朗之万与爱因斯坦

1911年索尔维会议前后脚，巴黎新闻界出大事了。要不说寡妇门前是非多呢。20世纪有两位物理学宗师，爱因斯坦是个在生活方面一团糟的人，第一次婚姻也以离婚收场。玻尔刚好相反，他的生活十分幸福，直到垂垂老矣，还给妻子写情书，遣词用句仍然缠绵悱恻，婚姻保鲜期长得无与伦比。当然，最惨的可能要算是居里夫人，丈夫因为意外不幸去世，她后来跟朗之万关系比较密切（图6-4）。朗之万的妻子平常非常粗暴，时不时河东狮吼，朗之万想离婚也是人之常情。他妻子一怒之下，让自己的哥哥撬开了朗之万的抽屉，把朗之万和居里夫人的私密通信公布在报纸上（图6-5）。这是1911年11月4号，就是索尔维会议开会时发生的事。

图6-5 居里夫人成了报纸头条

　　小报记者唯恐天下不乱，断章取义、添油加醋是他们的专长，舆论的谩骂对居里夫人的精神打击非常大，她病倒了，几乎气息奄奄。可即使她卧病在床，追八卦新闻的小报记者还是不放过她。丧夫之痛没让她倒下，繁重的工作也没压垮她，反倒是"吃瓜群众"无休止的谩骂彻底伤害了她，她几次试图自杀。居里夫人的姐姐闻讯赶来照顾她，带着她换了几次医院，躲避小报记者。可贵的是，一大群朋友都在帮助她。爱因斯坦写信鼓励居里夫人说：他们纯属仨鼻子眼多出这口气，您别在意这些胡说八道。

　　充满了戏剧性的是，就在此事闹得沸沸扬扬之际，当年12月，居里夫人得了诺贝尔化学奖，奖励她在镭元素发现方面的贡献。居里夫人不简单，在当时对女性极端不公的环境下，能够在物理和化学两个方向都获得诺贝尔奖，那是科学史上少有的殊荣。历史上获得两次诺贝尔奖的人并不多，居里夫人是第一个。接下来是美国的巴丁，他参与发明了晶体三极管，后来又提出低温超导理论，因此拿了两次诺贝尔奖。美国化学家莱纳斯·鲍林也拿了两次，一次是化学奖，他解释了化学键的本质，第二次是和平奖，因为他反对核武器。还有英国的桑格尔，他发明了胰岛素的测序方法，后来又发明了基因测序方法，也拿了两次诺贝尔奖。

不过呢，也有人说，居里夫人拿奖是有复杂的因素的，因为诺贝尔奖委员会死活都不想把奖发给庞加莱。理由也很简单，人家是数学家，物理学算是玩票，不能算。法国人失望地说，就好比说庞加莱没开过枪不能算军人，可人家庞加莱是将军，不用开枪。1910年，庞加莱获奖的呼声非常高，却没拿到奖。第二年，委员会为了安抚法国人的情绪，才给了居里夫人化学奖。但不管怎么说，居里夫人拿奖是当之无愧的，别人劝她身体要紧，还是不要亲自去领奖了，她坚持要去，她不会被这点儿挫折打倒。在她二姐和大女儿伊雷娜的陪同下，她亲自出席了颁奖典礼。伊雷娜当时才14岁，她可能无法预料，她自己24年之后也将站在这座大厅里，站在这座领奖台上，获得相同的荣誉。这是后话，此处暂且不表。

不管法国这边惹出什么事情，对面的英伦三岛始终平静如初。玻尔正埋头推演他的原子模型，老师们挖的坑还是由自己来填上吧，这个过程并不轻松。他假设，电子的轨道是不连续的。该死！又是这个不连续。我们现在应该换个词来表达，叫作"量子化"。量子化以后的轨道又会呈现出什么状态呢？就看玻尔的了。

07.原子模型初现

玻尔在曼彻斯特的一位同事也在研究原子模型，这位同事的姓氏大家可能如雷贯耳，他姓达尔文，他就是那位提出进化论的大科学家的孙子，现在也在卢瑟福门下。他根据卢瑟福的原子模型来推算一个原子里面电子的分布情况，比如说氢原子到底容得下几个电子呢？他发现，大概也就是一个。这让玻尔受到很大的启发。

转过年来是1912年，玻尔迎来了自己的人生大事，他结婚了。他和妻子后来得以白头偕老，算是美满的一对。当时大多数丹麦人结婚都去教堂，但玻尔去了市政厅，人家对宗教不感冒。

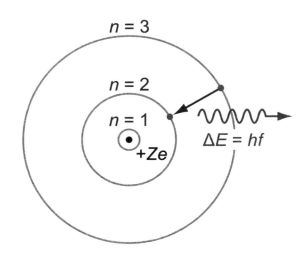

图7-1 玻尔的原子模型

1913年是玻尔爆发的年份。有了家庭，有了稳固的后方基地，玻尔的小宇宙爆发了。他把量子概念引入了原子模型之中（图7-1），就是采用了普朗克的办法。假如电子并不能在任意轨道上运动，它只能在某些轨道上运行，就可以解释许多难题。比如为啥电子不会坠毁在原子核上呢？按照经典理论，电子绕着核旋转，会有电磁波辐射出来，那么电子的动能就会越来越少，最后坠毁。现在玻尔就提出来了，电子并不能一圈圈地越来越低，最后坠毁，而是只能在固定的轨道上运动，掉不下去。正因为是不连续的，氢发出的光谱才是一道一道分离的线，光谱早已经泄露了天机。

玻尔对原子的结构做了如下描述：

电子在一些特定的可能轨道上绕核做圆周运动，离核愈远能量愈高；

可能的轨道由电子的角动量必须是$h/2\pi$的整数倍决定（h为普朗克常数，$h=6.626\times10^{-34}J\cdot s$）；

当电子在这些可能的轨道上运动时，原子不发射也不吸收能量，只有当电子从一个轨道跃迁到另一个轨道时原子才发射或吸收能量，而且发射或吸收的辐射是单频的，辐射的频率和能量之间的关系由$E=h\nu$给出。

从高能态跳向低能态，就会发出光辐射，这个频率可以算出来。那就算算看能不能计算出光谱线。玻尔闷头算光谱，这时候就有人提醒他，这不就是氢光谱的巴尔末公式吗？玻尔一头雾水，啥巴尔末公式？据玻尔自己回忆，当时他的确不知道巴尔末公式。可那时候巴尔末公式都出了好多年了，各种书籍、杂志、论文，提到的地方并不少，为什么玻尔就没看见呢？这也很奇怪。同样的，爱因斯坦也没见过洛伦兹公式，自己闷头推了一遍。后来也有类似的事，海森堡没见过矩阵，自己闷头发明了一个。这说明，那时候科学界的交流不够充分，不像现在这么快捷。

简而言之，玻尔自己推导出了巴尔末公式，不仅仅是巴尔末线系，其他各种光谱都能推算。论文一发表，物理学界又开始交头接耳议论纷纷。有两位物理学家也在谈论此事，聊到玻尔那个疯狂的原子模型，他们俩咬牙发狠说：要是这个理论正确，我们就不吃物理这碗饭了。这两人是谁呢？您别急啊，这还要从爱因斯坦那儿说起。

当时爱因斯坦的广义相对论到了收官阶段，他也关注其他方面的事。福克尔做了一个关于玻尔原子模型的报告，他也去听了，但是他啥也没说。当时一起听报告的还有两位，一个是斯特恩，一个是劳厄。斯特恩1943年拿了诺贝尔物理学奖，奖励他对分子束方法的发展以及对质子磁矩的发现。这个劳厄也不是凡人，他刚刚用X射线晶体衍射的方法证明X射线是一种电磁波。自打伦琴发现了X射线以来，一直搞不清这到底是个什么东西。劳厄灵光乍现，想到假如X射线是一种波长很短的光的话，那么照射晶体的时候，假如晶体的原子距离跟X射线波长差不多，必定会出现衍射图案（图7-2）。

图7-2 X光衍射图案

果不其然，在劳厄的想法指导下，索末菲的助教弗里德里奇和伦琴的博士研究生克尼平在1912年开始了这项实验。他们在底片上获得了有规律的斑点群，验证了劳厄的想法。后来科学界称之为劳厄图样。爱因斯坦也称之为最美的科学实验。这个办法很巧妙，X射线就可以俗称为X光了。1914年，劳厄拿了诺贝尔奖。

就是斯特恩和劳厄两个人在苏黎世的一座小山上遛弯，这两个人讨论了玻尔的原子模型，他们俩都不信这个理论，还说：要是玻尔的理论是对的，我们俩就不吃物理这碗饭了。可惜，这二位说话不算数，他们俩一辈子也没改行。玻尔的原子模型的确可以解释很多物理现象，不认账又有什么用呢？也就是被啪啪打脸吧。

瑞利男爵这时候已经退休了，70多岁了。他儿子问他对玻尔的模型如何评价，老头子说得模糊，他说："它可能就是这样的，但是不适合我。对我毫无用处了。"的确，对他来讲，这都不重要了，1919年，瑞利男爵就去世了。

1913年9月份，有人去问爱因斯坦对玻尔的模型到底是怎么看的，爱因斯坦给出了很高的评价。他许多年前也有过类似想法，但是没敢跟别人说。

图7-3 索末菲

就在9月初，索末菲（图7-3）给玻尔写了封信，表示自己对玻尔的理论很感兴趣，还写了一堆赞美的话。索末菲有几个老乡，都出生在东普鲁士的柯尼斯堡，一个是闵科夫斯基，他是爱因斯坦的老师，一个是数学大师希尔伯特。三个人年龄相仿。这个索末菲我们后文还要提到，这个人非常重要。

1913年9月12号，在英国伯明翰召开了物理学会议，讨论辐射问题。玻尔也去了。这是他第一次在这种大场合亮相。《泰晤士报》还跟踪报道了当时的情况。金斯对玻尔的原子模型做了介绍，然后玻尔自己做了简短的说明。接着，老头子洛伦兹就发问了，他问玻尔，这个模型跟力学怎么接轨啊？玻尔说这方面还没搞定呢。

从《泰晤士报》的报道来看，双方分阵营吵得还挺厉害。一拨儿是麦克斯韦的信徒，这一派是从托马斯·杨、菲涅耳、麦克斯韦、赫兹这一系列大牛传承下来的。另一派是新锐人士，他们的理论是从普朗克那儿来的，即普朗克、爱因斯坦、能斯特这一派。当然也有两头不靠的，比如汤姆逊老师，人家拿出了自己的改良版西瓜模型。洛伦兹还称赞这个模型很精巧，他可没说汤姆逊对或者不对，洛伦兹很圆滑，其实就是啥都没说。

　　玻尔的名气也是越来越大。《泰晤士报》还花了不少版面介绍他的理论。10月份的第二次索尔维会议上，汤姆逊和卢瑟福都提到了玻尔的贡献，说他最近干了不少事，但是绝口不提玻尔的原子模型。到了1914年2月，卢瑟福说所有的物理学家都对玻尔的模型很感兴趣。后来他又说，玻尔引入了量子概念。当时正在出现一些旧力学搞不定的事，大家都基本认可了玻尔的原子模型。虽然玻尔的原子模型局限性很大，还不能解释元素的周期律，除了氢原子以外，其他的元素都搞不定，但是大家都觉得这个研究方向是靠谱的。除了一个人，那就是汤姆逊老师，他还在不断改进自己的西瓜模型，他后来辞去了卡文迪许实验室的领导工作，他的职位由卢瑟福接任。

图7-4 哈伯和爱因斯坦

　　1914年是不平静的一年，因为第一次世界大战在这一年开打了。欧洲强国分成两拨对打，而且不是有限战争，是拼尽全力的灭国之战。科学界也不能置身事外。德国一大票物理学家就在支持战争的《93号声明》上签了字，各界名人总共有超过3000人签名，包括普朗克、奥斯特瓦尔德、伦琴、维恩、能斯特……都是物理学家。还有毒气战的始作俑者，化学家哈伯（图7-4）和数学家克莱因，普通人知道克莱因，是因为他提出的克莱因平面，后来以讹传讹变成了克莱因瓶。

这么多科学界的大牛都支持德国开战。反战的成了孤独的少数派，爱因斯坦就是坚定的反战派。他从小不喜欢战争不喜欢军人，是出了名的，为此还不惜退学。详细情况大家可以看我的另一本书《柔软的宇宙》，那本书详细讲述了爱因斯坦学生时代的奇特经历。

后来爱因斯坦被普朗克和能斯特组成的超豪华猎头团队给挖回了柏林，他办公室对面就是哈伯的办公室，两人关系不错。哈伯也是犹太人，他是个化学家，搞定了从大气中直接获取氮元素的方法。爆炸物多半跟氮元素有关系，过去都是从智利的硝石里面获取氮元素，英国以为控制了智利硝石的出口就能憋死德国。正因为哈伯的贡献，不管是制造化肥还是造炸药，德国都不再受制于人。正因为德国事先囤积了大批军火，他们才有胆子发动世界大战。

哈伯还发明了毒气战，能斯特也参与了这个计划。实验室出了事故，爆炸了，有个出色的物理化学家撒库尔被当场炸死。哈伯的妻子因为反对他搞化学武器，开枪自杀了。哈伯第二天仍然是头也不回地上了战场，亲自指导使用氯气。他也不会想到，二十几年后，有成千上万的犹太同胞死在了毒气之下。

英国人那边儿也是全民总动员。著名的爱丁顿教授跟爱因斯坦一样，人家也反战，也反对把年轻人送上战场当炮灰。英国政府要征召他，他说不去就不去，打死也不去。当然也不是所有科学家都不卖政府的面子。英国政府组织科学家委员会，汤姆逊老师就参加了，还有布拉戈、克鲁克斯、卢瑟福、瑞利男爵的儿子斯特拉特……他们的主要任务是研究怎么防御潜水艇攻击。德国潜艇还是蛮厉害的。卢瑟福老师在曼彻斯特建了个大水箱，研究对付潜艇。

图7-5 密立根和他的油滴实验测量装置

　　1917年，战争打了一半，美国人参战了。卢瑟福还去了一趟美国，见到了一位陆军少校，这位少校不是别人，就是前几年测量了电子精确电量的密立根（图7-5）。1913年他用油滴实验成功测量了电子的电量，不过他那次实验是有问题的，问题出在两个方面：第一个是他做了140多次实验，但是发表的数据只有90多条，好多不完美的数据被他删掉了。做人要厚道，数据怎么能删减呢！你必须全部公布出来。还有一条就是私下跟助手达成协议，只写他一个人的名字。这两件事恐怕都有学术不端的嫌疑。当时没人想那么多，好多数据是近几年才披露出来的，这才为人所知。不过呢，他用带电油滴来测量电子的最小电荷这个办法是管用的，只是他太贪心了，喜欢完美无缺的数据，在这个问题上做得过分了。

　　卢瑟福一见他，话题当然扯到了物理学上。卢瑟福说，密立根你去年做的光电效应的实验很不错啊。密立根说，别提了，那实验太难了。一切都要封闭在真空里面，碱金属比较活泼，稍微溜进去一丝空气，碱金属表面就容易氧化，我还要控制电磁铁去刮掉一层氧化物。我从1907年就开始做这个实验，搞了好多年了，最近才计算出数据。我把普朗克常数h给算出来了，爱因斯坦是对的，我开始还不信呢，后来发现人家说得一点儿没错。啊……对了，你见到迈克尔逊了吗？人家老爷子现在是海军少校了，他本来就是美国安纳波利斯海军学院出来的。

图7-6 居里夫人和装有X光机的汽车

这是英国和美国这边的情况。法国呢，那可是主战场啊。居里夫人搞了20辆汽车，在上面装了X光机（图7-6），帮助医治伤病员。她还负责训练医生护士，教他们如何使用X光机诊断伤员。美国后来装备了700多辆车，上边都装着X光机。还有人直接上了战场，比如卢瑟福的学生盖格和马斯登。只不过他们俩不再是搭档，而是分处于对立的阵营。不少科学家都成了炮兵军官，因为炮兵需要计算弹道。那个后来大名鼎鼎的薛定谔此时就在担任炮兵军官。同样担任炮兵军官的还有史瓦西，他在东线战场，后来染疾身亡。普朗克的大儿子死于凡尔登，小儿子在马恩河被俘，后来被放回来了。不过他最后还是死在了老爹之前。因为卷入了刺杀希特勒的案件，他最后被纳粹处决。

战争一打就是4年，反正啥都耽误了，大批年轻人被送上战场当了炮灰。1918年11月11日，也就是1918年的光棍节这一天，德国政府派代表来到法国东北部的贡比涅森林，在一列火车的车厢里面见到了协约国联军总司令，法国的福煦元帅。德国人实在是打不下去了，签字投降。

整个1919年，最热闹的就是开巴黎和会。整个巴黎冠盖云集，来的都是大人物。战后需要重新划分地盘了嘛。不过福煦元帅在《凡尔赛合约》签订之后说了一句意味深长的话："这不是和平，这是20年的休战。"合约显然对德国太苛刻了。法国是想法子要把德国的油水榨干。英国人倒不这么想，英国倒认为不能把会下金蛋的鸡给杀了。英国科学界也抓住机会申请经费，以爱丁顿为首的一帮人要组织去观测日全食，由英国人来证明德国人提出来的理论，这不是英德和解的象征嘛！

1919年，科学界最重大的事件就是这件事了，爱丁顿跑到非洲观测了日全食的全过程，拍了不少照片。经过测量和计算，爱因斯坦的广义相对论得到了证实。遥远的星星发出的光线在经过太阳附近的时候，真的发生了弯折，而且弯折量跟爱因斯坦的计算完全相符。爱因斯坦的名气到达了顶峰，爱因斯坦终于在步入不惑之年的时候成了物理学界当之无愧的宗师级人物。

名气是大了，江湖地位也有了，但是还有两个麻烦没解决。这两个麻烦还是连在一起的，首先是战后德国物价飞涨，马克贬值得一塌糊涂。爱因斯坦的工资并不低，但是手头也越来越拮据，而他还要负担妻子的生活费和孩子的养育费，把本就不够花的钱兑换成瑞士法郎。他的妻子米涅娃住在瑞士，瑞士法郎可没贬值，一大沓马克兑换不了多少瑞士法郎。他跟米涅娃已经分居好久了，想跟米涅娃离婚，离婚总要掏一大笔赡养费吧，但他没钱啊。

还有一个问题是自己的江湖地位方面的，他还没拿过诺贝尔奖呢，按理说他完全有资格获奖。他已经提前安排好了这笔奖金的用途，那就是付给妻子做离婚的费用。那么"炸药奖"委员会什么时候才会给爱因斯坦这个奖呢？

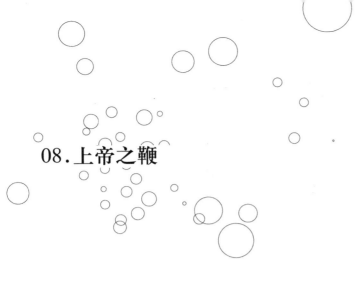

08.上帝之鞭

爱因斯坦等着诺贝尔奖已经等得望眼欲穿了。自打1910年，就有人提名他拿诺贝尔物理学奖。后来1912年、1913年都有人呼吁把诺贝尔物理学奖颁给爱因斯坦，但是都没成功。以至于后来科学界的意见越来越大，爱因斯坦的威望也越来越高，弄不好名气已经盖过诺贝尔奖了。

最早提名爱因斯坦的是奥斯特瓦尔德，提名的理由是狭义相对论。诺贝尔奖委员会就说，这东西还没验证，我们还是来点儿实打实的东西吧。后来爱因斯坦搞广义相对论，连普朗克都劝他，你搞这玩意，诺贝尔奖委员会就更不"甩"你了，因为他们压根看不懂，全世界恐怕也没几个能看懂的。

后来，第一次世界大战就开打了，整个欧洲大乱。诺贝尔奖那几年就不太正常。1916年，科学类奖项干脆停发，只发了文学奖。1917年化学奖和医学奖又空缺。到了1918年，化学奖颁发给了哈伯，开打毒气战的始作俑者，好多人都强烈反对。那年获得物理学奖的是普朗克。对于普朗克来讲，这也是迟到的奖项了，到了1919年才颁发给他1918年的奖。1919年，爱丁顿已经验证了广义相对论，照理说，爱因斯坦拿奖应该没有争议了。诺贝尔奖委员会开始收集材料评审，结果找来了一大堆反对爱因斯坦的材料，1920年的诺贝尔奖就没给爱因斯坦。到了1921年，问题还是出在材料上。负责写报告的那位对于相对论只能算个业余爱好者，他的本业是生理学和医学，结果报告写得一团糟。还有一位瑞典皇家科学院院士，也是评审委员会的委员，那时候正卧病在床，一听说要把奖发给相对论，从病床上一个鲤鱼打挺蹦起来强烈反对。

这事一来二去的就拖下来了，1921年都过了，已经1922年了，还是没啥头绪。诺贝尔奖委员会的压力也大啊，再不发给爱因斯坦就说不过去了。但是广义相对论这东西一时半会儿搞不懂啊，这可不能凑合，也不能糊弄过去。有人灵机一动，咱们不跟相对论死磕了，咱们把奖发给光电效应怎么样？这东西清晰明了，而且密立根已经完成了高水平的实验，跟爱因斯坦的理论完全吻合。就这样，一直拖到了1922年的11月9号才宣布1921年的物理学奖发给爱因斯坦。同时宣布1922年的物理学奖发给了玻尔，原因是他在原子光谱方面的贡献。玻尔听到这个消息，可算是松了一口气。为啥？因为玻尔生怕自己在爱因斯坦之前拿了诺贝尔奖。万一自己先拿了，感觉对不住爱因斯坦。可见玻尔这人有多善良，也说明他觉得爱因斯坦应该排在自己之前，赶紧给爱因斯坦写信祝贺吧。

　　爱因斯坦那时候压根不知道这些乱七八糟的事，因为他不在欧洲，正在亚洲访问呢（图8-1）。其实早就有人给他暗示了，写信叫他快回欧洲，最好年底12月的时候能到斯德哥尔摩来一趟。但是不能把话说得太明白，爱因斯坦也就没当回事。

图8-1 爱因斯坦在日本访问

爱因斯坦应邀到日本讲学。答应了就不能不去，合同都签了。当他路过上海的时候，瑞典领事拿着电报找到他，通知他已经获得了1921年的诺贝尔物理学奖。电报上还特别嘱咐他，获奖感言你千万别提相对论啊。可是爱因斯坦档期不合适，直到1923年才回到德国。中间还冒出一档子麻烦事，那就是爱因斯坦到底是哪国人。爱因斯坦一直觉得自己是瑞士人，人家有瑞士国籍。德国人不干了，你不打小就是德国人吗？爱因斯坦说，我小时候就放弃德国国籍了。政府官员说那不算数，你以为你以为的就是你以为的啊，你有一堆手续没办，所以没退掉国籍，算是双重国籍。

爱因斯坦去见了玻尔一面，他们俩在公交车上都在聊物理学，一不留神就坐过站了，翻回头往回坐，一不留神又坐过站了。折腾了好久，一直在公交车上没下车。这两个人尽管一直在争论学术上的问题，他们的友谊却维持了一辈子。

图8-2 马克斯·玻恩

1923年，密立根获得了这一年的诺贝尔奖，他是第二个获得诺贝尔奖的美国人。第一个是1907年得奖的迈克尔逊，也还是跟爱因斯坦有关系。迈克尔逊－莫雷实验验证了光速的不变性。光速不变恰恰是狭义相对论的基础。密立根验证了爱因斯坦对光电效应的解释。美国人最初的两个"炸药奖"都跟爱因斯坦有关系，这也算是爱因斯坦跟美国的缘分吧。

　　爱因斯坦拿了诺贝尔奖以后，他的一堆伙伴们都向他祝贺。他在德国有一大堆的同事，普朗克、能斯特、玻恩（图8-2），特别是玻恩，玻恩跟爱因斯坦的关系特别好，因为俩人都是犹太人，都是闵科夫斯基的学生。玻恩的博士导师是希尔伯特，他还到剑桥大学跟汤姆逊一起学过一段时间。玻恩这几年在哥廷根大学任教，他收了一位学生做他的助教。这位助教很年轻，算起来还是位"00后"，1901年出生的。这就是后来大名鼎鼎的海森堡（图8-3）。

图8-3 海森堡

　　海森堡的经历可不一般，他父亲是研究东罗马帝国历史的历史学家，而且是希腊语方面的专家，在慕尼黑大学任教，海森堡从小在慕尼黑长大，跟爱因斯坦算是老乡，爱因斯坦的童年也是在慕尼黑度过的。海森堡在著名的慕尼黑麦克西米学校读书，这所学校培养了不少未来的科学家。40年前，普朗克就是从这里毕业的。也就是说，普朗克和海森堡是中学校友。

海森堡中学时成绩很优秀，得到保送大学的资格。他父亲在慕尼黑大学任教，他问儿子："孩子，你打算学啥专业啊？"海森堡说喜欢数学。他老爹知道慕尼黑大学有个林德曼教授，是很厉害的数学家，主要成就是在研究超越数方面取得的。

古希腊尺规作图有三大难题，首先是化圆为方问题。也就是画一个正方形，面积与已知的圆相等。还有一个问题是把一个角三等分。两等分我们知道，尺规作图是分分钟的事，三等分那可就难了。第三个问题就是立方倍积，做一个立方体，体积是已知立方体的两倍。这就是尺规作图的三大难题。用圆规和没有刻度的直尺，那是根本就不可能完成这三个问题的。尺规作图问题都是比较古老的问题。立方倍积问题是公元前三世纪提出来的。角三等分问题更加古老。这两个问题最终是用伽罗华的理论来解决的。伽罗华和阿贝尔可以说是现代群论的创始人。

那么化圆为方问题呢，这个问题就牵扯到另一个大问题叫超越数。林德曼的贡献就在于证明了圆周率π是超越数。所谓超越数，就是无法用有限长度的代数公式来表达的数。正因为圆周率π是超越数，你就没办法用整数加减乘除乘方开方来得到。不能用代数方法来表示，也就说明用尺规作图是没法搞定的。林德曼的成果彻底解决了化圆为方问题。

林德曼教授要对海森堡面试，看看这孩子入不入自己法眼。海森堡就去了。一进林德曼的办公室，发现里面乌漆墨黑。海森堡的眼睛适应了好一会儿才看清，里面坐着个小老头，还抱着一只狗，狗对着海森堡狂吠。海森堡心里就一哆嗦，这位是二郎真君转世吗？怎么还带着哮天犬啊！

林德曼把狗按住，开始问海森堡问题。越问眉头皱得越厉害。最后他问海森堡，数学方面都喜欢看谁的书啊？有没有基本的数学功底？海森堡说自己看过外尔的书。林德曼当时脸就耷拉下来了，他对海森堡说，看来你学数学是没戏，你还是学别的吧。海森堡一头雾水。外尔怎么了？外尔的书不能看？那不是挺好的书吗？哥廷根大学的外尔很厉害啊，要知道外尔可是在数学和物理两个方面都做出了贡献。规范场就是外尔最早开始搞的。难道林德曼看不上外尔？

要知道林德曼和外尔都出身于德国哥廷根大学，哥廷根大学的数学是出了名的厉害，号称哥廷根数学学派。开山祖师爷是数学王子高斯，后面还有黎曼、克莱因、希尔伯特等一大批数学家。照理说林德曼和外尔应该是一伙的才对。后来海森堡才知道，哥廷根的一帮子青年才俊都追求同一个女教师，大家都没追上，就外尔追上了。失败者里面就包括钱学森的老师冯·卡门。当时闹得满城风雨。估计林德曼看不惯这一套，一听见外尔就脑袋大。

没办法，海森堡学不了数学了，那就学物理吧。海森堡拜到了索末菲门下。索末菲长得比较严肃，像个普鲁士军官，其实人很和善，不像林德曼教授，给海森堡的第一印象就不好。索末菲倒是看海森堡这个学生孺子可教，是学物理的料。他就决定让海森堡进自己的"人才特别快车"，其实就是一些优秀的研究生和本科生组成的研讨班，说白了就是老师索末菲给学生加班开小灶的地方。索末菲自己忙不过来，就让自己以前的一个学生当助教。这个助教岁数也不大，跟学生们很快就打成一片了。海森堡问他，你是哪儿人啊？那个助教说我是奥地利维也纳人。海森堡又问，你叫啥名字？那人一说名字，海森堡俩眼就瞪起来了。要说这位助教，就是后来大名鼎鼎的泡利（图8-4）。泡利1900年出生，比海森堡大一点儿。

图8-4 "小鲜肉"阶段的泡利，日后他会发胖的

这个泡利也算是个传奇人物了。要用一个词来形容他的话，那就是聪明，绝顶聪明，聪明得都冒泡了。不过他的教父更牛，就是那位哲学大神马赫。泡利1918年刚刚中学毕业，就带着父亲写的推荐信来找索末菲。他要求不上本科了，直接念研究生。索末菲吓了一跳。好家伙，这孩子口气真大。再一问，原来他在中学已经把大学课程给自学了一遍。索末菲还真就答应下来了。让泡利先学一阵子再说。后来发现，这孩子不是说大话，是真有本事。那一阵德国《大百科全书》正准备编写广义相对论的词条，需要广义相对论方面的资料，索末菲就交给泡利去干了。结果泡利写了两百多页，够出一本书了。后来爱因斯坦看到泡利写的东西，根本不敢相信是个20岁刚出头的毛头小伙子写的。泡利去听爱因斯坦的讲座，坐在最后一排，问起问题来火药味十足，闹得爱因斯坦都招架不住。后来爱因斯坦做讲座先往最后一排扫一眼，看看泡利来了没有，估计是看见泡利就脑袋疼。泡利最终获得一个谁见谁怕的外号，叫作"上帝之鞭"。

爱因斯坦看见泡利进来，心里又是一紧，心说这个刺儿头怎么又来了，但还是得完成讲座。爱因斯坦认真地讲完了，他仔细观察泡利的表情，一看，泡利气哼哼的。人家都等着泡利问问题，哪知道他抛出了一句："我觉得爱因斯坦并不完全是愚蠢的。"对于泡利来讲，这句话已经是比较高的评价了。泡利的最高评价是："哦，这竟然没什么错！"天才就是天才。就连另一个聪明的物理学天才朗道见到泡利，气势也会立刻矮上三分。

要说泡利这辈子最佩服的人，大约只有三个半。对于师弟海森堡，他佩服一半，算是半个人。因为海森堡的物理直觉极强，眼光独到，瞄准一个点就能有突破，泡利在这点上是十分佩服的，但是嘴上依然不服。然后就轮到排第三的爱因斯坦了。虽然泡利经常火力全开，闹得爱因斯坦招架不住，但爱因斯坦毕竟是一代宗师。1945年泡利获得诺贝尔奖的时候，爱因斯坦等一伙儿同事在普林斯顿给泡利庆祝，泡利感激得不行，所以爱因斯坦在他心中的地位还是很高的。排第二的人，就是玻尔。爱因斯坦不同意不确定性原理，但玻尔基本上跟泡利是同一阵营的，而且还是泡利在事业上的重要导师，这个后文要提到。

那么泡利最敬重的人是谁呢？那就是他的授业恩师索末菲。索末菲很威严，也很和蔼。泡利那么狂傲的人，见了索末菲立刻就拘谨了好多。哪怕后来成名成家了，见到导师索末菲一进屋，泡利立刻就站起来相迎，在老师面前谨遵弟子礼。

索末菲是个严谨范儿的老派德国人。当年海森堡刚到索末菲门下的时候，索末菲正在研究玻尔的原子模型。玻尔的原子模型里面描述了，电子围着原子核转圈，走的是圆轨道，而且能在某些轨道之间跳来跳去。想出现在中间状态，那是不可能的。说白了就是把不连续概念引入了原子结构模型。索末菲对玻尔的模型很推崇，爱因斯坦的狭义相对论一发表，索末菲也是立刻表示支持，对新鲜事物接受得非常快，这与他老派的德国范儿形成鲜明对比。

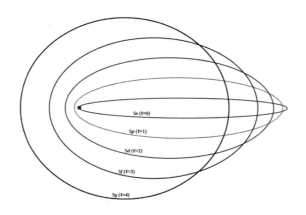

图8-5 索末菲的椭圆轨道

玻尔模型的成功在于它可以解释氢的光谱线。但是后来人们发现，氢的光谱线是有宽度的，不是单根线条，里面还可以分解成非常细的结构，谱线远远不是一条亮线这么简单。索末菲就提出了椭圆轨道模型（图8-5）。也就是说，电子走的不是圆轨道，也就不再是匀速圆周运动了，而且电子的速度也很快，高速运动需要引入爱因斯坦的狭义相对论。索末菲就赚这个便宜，因为他既支持量子化，也支持相对论。一般人要是只信这个不信那个，就不可能在这个问题上有进展。而且，索末菲认为，不仅仅是轨道长轴是量子化的，而且自由度也是量子化的。最后索末菲就推出了光谱线应该是有复杂结构的。他推算出的公式里面有一个常数，被称为精细结构常数，大约是1/137。作为索末菲的学生，泡利对这个精细结构常数谨记在心，一直到临终前都念念不忘。为啥呢？因为他的病房号恰好也是137。这个精细结构常数的奥妙，远不是索末菲老师能够预料的，它包含了电磁相互作用的许多秘密，难怪泡利临死之前都念念不忘。

要知道，氢光谱的精细结构跟当年的那个塞曼效应很相似。塞曼效应是指在磁场里面谱线会发生分裂。精细结构则表明，哪怕没有磁场影响，谱线仍然是复杂的。洛伦兹和他的学生塞曼通过他们的电子学说解释了塞曼效应，索末菲就开始动用自己的理论去解决这个问题。玻尔的模型跟索末菲的扩展合并到一起，成了玻尔-索末菲模型。后来索末菲又和史瓦西一起搞了原子光谱方面的研究，叫作索末菲-史瓦西理论。然后呢，史瓦西就得了一种罕见的皮肤病去世了。那是在第一次世界大战期间的事了。

本来索末菲有希望在1922年跟玻尔一起拿诺贝尔奖的，但是很遗憾他没拿上。据说他前后一共有80多次提名，结果一次都没通过，一辈子也没得诺贝尔奖。1919年，他出版了一本书，叫作《原子结构和光谱线》，几乎是当时量子论的圣经。泡利和海森堡就上课是捧着这本书听讲的。当时在欧洲大陆已经形成了三个量子物理研究中心。一个是索末菲手下的这帮青年才俊，爱因斯坦对他们羡慕得不得了，这就是所谓的人才特别快车。还有一个是玻恩的哥廷根大学的物理系，那里也是高手云集。再有一个就是玻尔的哥本哈根理论物理研究所。

索末菲原来是学习数学出身的，后来转向了物理学。他常常对海森堡这些人说，你们要想成为优秀的物理学家，有三件事要做：1.学习数学，2.学习更多的数学，3.坚持前两条。泡利、海森堡等一大堆学生就是被他这么给教育出来的。索末菲最擅长的事，就是把别人的理论拿过来用数学加以完善和扩展。对玻尔的原子模型，他就是这么干的。因此后来有人管他叫"数学雇佣军"。可能这也是他与诺贝尔奖失之交臂的一个原因吧。说到底，诺贝尔奖还是更喜欢那种能有灵光乍现和临门一脚的人。

索末菲还有一个特点，那就是对新知识特别关注，从他对相对论和量子论的接受程度就可以发现这一点。他也总是及时地把最新的思想告诉学生们。他每个星期都要和学生们单独谈话，跟每个学生都保持密切联系，对每个学生都很了解。索末菲还推荐泡利和海森堡去哥廷根大学找玻恩学习，玻恩也很赏识这两个年轻人。玻恩也有个研讨班，也搞了一帮子拔尖的学生在一起深造。这个研讨班的气氛相当自由开放，他们有一个理念，那就是：愚蠢的问题不仅被允许，而且受欢迎。大家讨论起来无拘无束，热热闹闹的。下课了，海森堡站起来一回头，看见大数学家希尔伯特就坐在教室后边，原来他跑到这个班上来听课来了。要知道希尔伯特号称"数学界的无冕之王"，简直是数学界泰山北斗一般的存在，而且在物理学方面也有贡献。1913年，他听了爱因斯坦有关广义相对论的报告，那时候爱因斯坦还没完成最后的推算，但是广义相对论思想已经比较完善了。希尔伯特回去没多长时间，就抢在了爱因斯坦之前把广义相对论的方程式给推出来了。因为广义相对论是建立在黎曼几何的基础之上的，对于大数学家希尔伯特来讲，推这个方程是得心应手。后来还有人觉得希尔伯特也算是广义相对论的提出者，也应该有他一份功劳。但是希尔伯特说了一句意味深长的话：哥廷根每个人都比爱因斯坦更懂黎曼几何，但是提出广义相对论的只能是爱因斯坦。可见希尔伯特在物理学方面的功底也是深不可测。

所以希尔伯特经常到物理系听孩子们讨论，越听眉头皱得越深，后来还是意味深长地评论了一句：看来物理学对于物理学家来讲是太困难了。估计老爷子觉得数学家还是比物理学家厉害。希尔伯特、闵科夫斯基、索末菲都是从东普鲁士的柯尼斯堡出来的同乡，那地方的数学气氛很浓厚。

索末菲强调数学的重要性，这当然很有道理。但是他没想到一个后生小子在英国大放厥词，说物理学家根本不需要学那么多数学。因为物理学家需要数学工具的时候，能自己发明。言下之意，还是物理学家比数学家厉害。那个后生小子叫狄拉克。大约从20世纪20年代中期开始，量子物理学就进入了一个男孩物理学的时代。因为提出创新理论的人都是20岁出头的毛头小伙子，这个狄拉克就是其中之一，要不怎么口气那么大呢。

哥廷根大学的数学氛围极其浓厚，有个业余数学爱好者叫沃尔夫斯凯尔，临终前设立了10万马克的巨奖，用来奖励证明了费马大定理的人。这笔奖金100年都没发出去，只好先存银行，每年差不多有几千马克的利息。哥廷根大学就用这笔利息邀请著名的科学家到哥廷根来做讲座,庞加莱、洛仑兹、索末菲、普朗克和德拜全来过了。1922年,来的正是玻尔。大家一听是玻尔要来,德国物理学界就一通忙,玻恩、普朗克、索末菲等人领着一百多号人全来了。玻尔做了7场演讲,全都是关于原子模型和光谱线的。那几天盛况空前,后来被称为"玻尔节",可见场面之热烈。

泡利和海森堡显然不能缺席,玻尔的演讲他们俩全听了。那泡利能放过玻尔吗?那当然是火力全开啊。海森堡也不甘示弱,一大堆问题就扔过去了。玻尔当时就觉得这俩孩子前途不可限量,他还跟海森堡和泡利一起去爬山。玻尔表示,他刚得了洛克菲勒基金会的一笔赞助,海森堡和泡利要是想来哥本哈根,他可以提供经费。后来海森堡和泡利就经常去哥本哈根跟玻尔一起工作。

转过年来是1923年,海森堡要博士毕业了,回到了慕尼黑大学。一堆教授来负责答辩。海森堡的博士论文是《关于流体流动的稳定和湍流》,答辩委员会主席就是维恩,老师索末菲也在。维恩问完了有关论文内容的问题,又随便问了一个有关光学仪器分辨率的问题,海森堡居然不知道。维恩觉得这问题够简单了,白送分的题目,你怎么就不知道呢?然后又问他干涉仪的原理,海森堡又答不上来。维恩再问望远镜啊显微镜啊蓄电池啊,海森堡依然一问三不知。维恩心说,索末菲你教的这是啥学生啊,当场给了海森堡一个不及格,索末菲打了满分,剩下几个打了良好。最后平均下来,海森堡刚刚及格过关。从此维恩就对海森堡一脑门子官司。

海森堡也不痛快,怎么自己就拿了个刚及格的分数啊。他肯定不服气,毕业的酒会都没参加,当天就买火车票去了哥廷根大学,心里这个委屈啊。好在玻恩人不错,好好安慰他,你要在慕尼黑待不下去,那就来我们哥廷根吧。海森堡想想也对,此处不留爷,自有留爷处。后来海森堡还是在哥廷根大学和慕尼黑大学之间来回跑,算是两边都有工作。

海森堡和泡利都是从索末菲那里学到了原子模型的相关理论,都了解玻尔-索末菲理论是如何计算光谱线的。海森堡和泡利到了哥廷根大学以后,接受了非常严谨的数学观点,强调数学论证。那些你没看到的东西,不能想当然地不拿它当盘儿菜。他们还到哥本哈根理论物理研究所去跟玻尔一起工作了一阵子，也跟玻尔深入交换了意见。海森堡和泡利也努力想把恩师索末菲的理论进一步修补完善。但是他们发现，这样做根本不解决问题。

海森堡在这儿想不通，按下不表。咱们翻回头说爱因斯坦，他收到了法国人朗之万寄来的一份博士论文，说是自己拿不准主意，请爱因斯坦帮忙掌掌眼。爱因斯坦心说，一份博士论文，也没啥大不了的，朗之万至于吃不准吗？那这文章到底写的是啥呢？爱因斯坦看罢文章不由得挑大拇指称赞，这简直是穿透物理界迷雾的一缕曙光……

09.新量子力学大门将启

爱因斯坦打开这篇论文，看到署名是一个叫德布罗意（图9-1）的人。名字好像挺眼熟，就是想不起来在哪里见到过。爱因斯坦是贵人多忘事，当然，也是因为已经隔了十几年了。他当年参加第一届索尔维会议的时候，有一位大会秘书叫莫里斯·德布罗意。这位德布罗意也是一位研究X射线的物理学家。他一直在忙前忙后为各位大牛服务，抄了好几大本子各位物理学大牛的发言，整理好了，放家里收藏起来了。偏巧，他弟弟非常喜欢看书，就把这份会议记录给翻出来了，一看俩眼就发直了。天哪！物理学太有意思了，不愧是"万物至理"！这个年轻人叫维克多·德布罗意。

维克多是个文艺青年，特别喜欢文学和历史，那时是个标准的文科生。但是他哥哥非常喜欢物理学，常常在实验室搞X光方面的研究。德布罗意家有自己的实验室，经济条件非常优越，是法国正经八百受封的公爵，自打路易十四那年头就被册封为德布罗意公爵，第二代公爵还被册封为神圣罗马帝国的亲王。要说物理学界有爵位的，大概就数他家最高了。现在袭了爵的正是哥哥莫里斯·德布罗意。自打小，弟弟少不了被哥哥拉进实验室来打下手，一来二去就喜欢上物理学了。莫里斯跟另一位研究X射线的专家亨利·布拉戈关系密切，经常一起讨论，维克多也就经常坐在一边儿竖着耳朵听。后来他看到了索尔维会议的发言记录，彻底爱上物理学了。他18岁进了索邦大学拿了文学士的学位，后来又拿了理学士的学位，小德布罗意算是文理兼修了。

图9-1 德布罗意

　　恰逢第一次世界大战爆发，维克多参军了，他被分配到埃菲尔铁塔上去当通信兵，负责操纵当时还很前沿的无线电系统。小德布罗意就天天跟无线电打交道，对电磁波的各种性质有了第一手的直观感受。无线电的发射与接收都跟天线的谐振特性有密切关系。这段无线电报务员的经历，对小德布罗意起了意想不到的作用。要知道，他对物理学的贡献，就跟波动密不可分。

　　维克多在铁塔上一干就是好几年，直到大战打完了，他才从铁塔上下来，眼里看什么都是波。当时，一个人生抉择摆在了他的面前：到底是去继续学习历史，当个历史学家呢，还是不当文科生了，去当个物理学家呢？最后，小德布罗意横下一条心，开始学习物理学，他的老师正是当时大名鼎鼎的朗之万。他跟着朗之万攻读博士学位。朗之万可是爱因斯坦的粉丝之一，那少不了就要传授给德布罗意有关相对论的知识了。所以德布罗意对相对论很熟悉。

　　大致就在1919年到1923年这段时间内，法国的布里渊发表了一系列的论文，打算解释玻尔的原子模型。玻尔的原子模型有个最大的特征，那就是轨道半径不连续。玻尔的说法是，电子必须在某些轨道上运动，要么就在不同轨道之间跳来跳去。但是想跑到两个轨道之间，那是不可能的。要么在一环，要么在二环。就拿北京为例，电子打算落在三环的公主坟没问题，落在二环复兴门也没问题，但是你想出现在军博和木樨地，那是不可能的。

但是在经典物理学家的思维里面，一切都是连续的，这种不连续的概念实在是太离经叛道了。他们总想在经典理论的框架内，看看能不能解释这种不连续的现象。布里渊就是这么想的，他觉得是电子在转动的过程中搅动了周围的以太，以太振动形成了一种波，这个波形成了驻波。假如电子绕圈的周期与这个周期不匹配，那么就待不下去了，因此才形成了这种轨道不连续的效果。

弹吉他的时候，你拨动一下琴弦，弦振动会发出一个频率的音调。但是有一种泛音弹奏方法，手指轻轻按住弦的中心，然后弹奏，一根弦就分成两半振动，自然震动频率提高了一倍。这就是所谓的"泛音"。当然，手指轻轻按住1/3的地方，也可以弹出泛音。说白了，只有按住整分数的地方可以弹出泛音，按住其他地方，那只能是噪音（图9-2）。那就是说，一根弦只能持续发出某些频率的振动，不是任意频率的振动都能持续存在的。这个效果跟电子轨道的情况很相似。

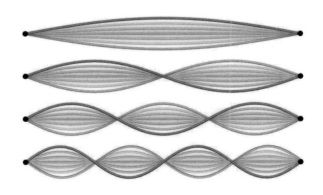

图9-2 一根弦只能分成整数份来振动

这个想法给了德布罗意很大启发，他趴在埃菲尔铁塔上闷了好几年，一天到晚摆弄这些玩意儿，满脑子都是波啊、谐振啊。他觉得有可能就是这么回事。然而，布里渊的理论里面有一个德布罗意最不喜欢的东西，那就是以太。以太这种陈谷子烂芝麻太讨厌了，德布罗意熟悉爱因斯坦的相对论，狭义相对论就已经彻底抛弃了以太，为什么现在又把以太牵扯进来？

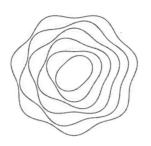

图9-3 整数倍波长构成了不连续的轨道

那么德布罗意该如何解释电子轨道的不连续问题呢（图9-3）？德布罗意认为，这可能跟电子本身有关系。布里渊认为是电子搅得周围的以太发出了某种波。但是德布罗意认为，不需要以太这玩意，形成共振的是电子本身，电子本身就会形成一种相波（图9-4）。后来大家都管这种波叫作德布罗意波。1923年9月至10月间，他在《法国科学院通报》上连续发表了三篇有关波和量子的论文，对他的理论做了描述。他通过这种波，成功地计算出了玻尔的电子轨道。

图9-4 轨道周长必须是电子波长的整倍数才能存在，否则无法稳定存在

因为共振的原因，电子轨道只能出现某些大小的圈圈，别的圈圈是存在不下去的。第二年德布罗意的博士论文答辩，写的也是这方面的内容。答辩委员会认为，思路很新颖啊，你写得很不错，但是这玩意太玄了，你有啥办

法来验证这个理论呢？德布罗意就说，可以用电子的衍射来测试。一大群电子通过一个小孔的时候，应该会出现衍射现象。他的导师朗之万有点儿吃不准，就给爱因斯坦寄了一份论文。

爱因斯坦喜欢这篇论文吗？那当然了，这种思路跟爱因斯坦不谋而合。因为爱因斯坦早年在解释光电效应的时候，就已经开创了一个概念，叫波粒二象性。这个波粒二象性说起来话又长了。

关于光的性质，已经争吵了好几个世纪了。当年，英国的胡克就认为光是一种波。惠更斯认为胡克的理论是对的。但是，以胡克的死对头牛顿牛老爵爷为代表的一大票科学家认为光是一种粒子。后来法国的拉普拉斯也认可这种理论，在他的皇皇巨著《天体力学》里面，他就根据光的微粒说，计算出来一种暗星。这个星的引力足够大，以至于光都跑不出来。假如真的存在这种天体，那么我们就根本看不到它了。所以，拉普拉斯是第一个计算黑洞的人，尽管从现在的角度来看，他算的完全不对路数，这个计算完全是依照光是一种粒子来计算的。他把这本书送给了他的学生拿破仑。到后来再版的时候，拉普拉斯一抬手就把这段暗星的章节给删了。为啥呢？因为出了一位托马斯·杨大夫。杨大夫本来是眼科医生，因为研究人眼就喜欢上了光学。这个杨大夫做了一个名垂青史的实验，叫作"双缝干涉实验"，成功地观察到了光波干涉而引起的干涉条纹。拉普拉斯听说了这事，马上觉得苗头不对，光很有可能不是粒子而是一种波，那么有关暗星的计算就完全不靠谱了。他趁别人不注意，《天体力学》再版的时候，就把这段给删了。

这位杨大夫认为光是一种波，但是他的错误是认为光是一种纵波。其实不然，光是一种横波。后来菲涅耳又做了很大的贡献。物理光学完全建立在光的波动论基础上，实验结果也都吻合。这个理论统治了整个19世纪，大家都相信，光就是一种波。但是，光又不是简单的机械波，直到麦克斯韦出手，提出了电磁学理论，才预言光是一种电磁波，并且由赫兹加以证实。可是到了1905年，爱因斯坦的光电效应论文发表，他认为光是不连续的，是一份一份的，每种频率的光有个最小单位，叫作一个光量子。在爱因斯坦的眼里，光显然是有某种粒子特性的。光量子的含义是光的能量传播是一份一份的，是不连续的。假如证明光量子带有动量，那么就可以确认为真正意义上的"光子"了。爱因斯坦在1909年和1916年分别提到过，假如普朗克的黑体辐射公式成立，那么光量子必定带有动量。

光量子是不是带有动量呢？就在1923年，康普顿效应（图9-5）被发现了。在康普顿效应的研究过程中也第一次出现了中国人的身影，他就是康普顿的研究生吴有训。

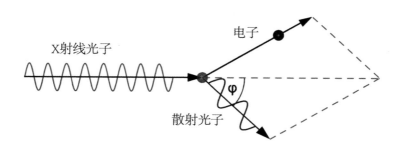

图9-5 康普顿效应

简单地讲，康普顿效应是在研究石墨中的电子对X射线的散射时发现的。有些散射波的波长比入射波的波长略大，这用过去的理论计算是搞不定的，必须使用爱因斯坦的理论去计算。那么这是特殊情况下的效应还是普遍效应呢？为了证明康普顿效应的普遍适用性，吴有训在康普顿的指导下，做了7种物质的X射线散射曲线，并于1925年发表论文，有力地证明了康普顿效应的客观存在。他陆续使用多达15种不同的样品材料进行X射线的散射实验，全都和理论相符合，证明这是个普遍现象（吴有训后来回国，成为一代宗师，他的学生可以拉出一大串，比如钱三强、郭永怀、王淦昌、彭桓武、何泽慧、王大珩、朱光亚、邓稼先、梅镇岳、郑林生、金星南、胡宁……这是题外话了）。

康普顿效应是个极其重要的发现，说白了，光子为什么会被散射呢？因为光子就像小球一样被弹开了。可是频率为什么降低了呢？因为一部分能量给了电子，自己的能量少了，频率当然会降低。反过来频率升高的情况也是有的，这都符合爱因斯坦的光量子理论。

康普顿效应就表明，光子不但有能量，还有动量。既有粒子的特性，又有波的特性。凡是学过中学物理的，都学过有关动量的知识，学过用动量计算子弹打击、小球相碰。光子具有动量，那就是说光子跟小球差不多，打到人是会痛的。宏观上讲，光具有光压，18世纪欧拉就提出过光压的概念。直到1901年，才由列别捷夫首次测量出来，光压还是用光子动量来解释最简单易行。爱因斯坦更是逢人便说，遇人就讲，说这个康普顿效应真是太有意思了，证明了光同时具有波动性和粒子特性，值得好好研究。

爱因斯坦对波粒二象性这个概念非常满意，这是微观世界深层次的洞察，是对以往观念的颠覆。正当此时，德布罗意的文章寄来了。爱因斯坦看了以后评价极高。这是对波粒二象性的一个扩展，堪称是"穿透物理学迷雾的一缕微光"。不仅仅光子具有波粒二象性，电子也有，恐怕其他粒子也是这样的，这是个普遍现象。德布罗意说话很含蓄，他没敢说物质波这个概念，仅仅讲了电子可能具有一种相波特性。物质波是薛定谔方程提出以后，大家给起的名字。

因为德布罗意的物质波概念跟经典理论有着千丝万缕的联系。大家对这些东西都很熟悉，因此在物理学界掀起了一股热潮，大家都在谈论物质波。经过爱因斯坦的大力推广，德布罗意波已经是当时的热门话题了。维也纳大学的一位教授就走上讲坛给大家开讲德布罗意的波，此人是谁呢？

图9-6 德拜

事情是这样的，索末菲的学生德拜（图9-6）来到苏黎世工业大学任教。这个德拜研究偶极矩很出名，现在偶极矩的单位就是用德拜的名字来命名的，他还对X射线粉末照相技术有过很大贡献。这些跟普通人的生活八竿子打不着，倒是他1960年在美国的实验室里的一个发现在生活中很有用处，那就是活化的陈皮粉对甲醛有吸附作用。

这个德拜在苏黎世主持一个物理学术研讨会，经常找各路牛人前来交流。这一回，来了一位薛定谔教授（图9-7）。德拜上前询问他，最近在搞些啥玩意啊？薛定谔说，我正在看玻色-爱因斯坦统计方面的文章。爱因斯坦在统计物理方面也有建树。那当然了，牛人嘛。

图9-7 薛定谔

爱因斯坦提到了德布罗意的文章，说德布罗意提出了电子的波动性。德拜一听，来了精神。他问薛定谔，你对这个理论熟悉吗？最近大家都在讨论这个东西。薛定谔说，我挺熟的，德布罗意的博士论文我还搞到了一份呢。德拜要求薛定谔讲一讲。这个薛定谔就在研讨会上把德布罗意的那个波给讲了一遍。关键的点是怎么从经典力学里面的波，来推导出一个不连续的电子轨道。大伙在下面听得津津有味，都对这东西很有兴趣。等薛定谔讲完了，德拜就问，既然这个电子有某种波动性，那么有没有波动方程呢？薛定谔说，还没有吧。德拜说，那应该先推算一个波动方程出来吧。薛定谔一想，对，可以用这个波的概念去推算一下玻尔的原子模型，而且还要符合索末菲的精细结构模型。这个薛定谔教授就夹着包，回家闷头算去了。

放下德布罗意、薛定谔他们不说，返回头来再讲泡利。泡利跟海森堡对玻尔的圆轨道模型和老师索末菲的椭圆轨道不太满意。玻尔的模型对付氢原子还行，但是，遇到外层电子是两个的氦原子就完蛋了。海森堡就开始跟两个电子的氦较上劲了，泡利也跟多电子较上劲了。因为玻尔、西蒙、泡利、卢拉在1922年提到过一个概念，就是电子是按照能态高低排布的，先排能量最低的一个坑，然后接着往下排。为啥会有这样的排布呢？为啥有的层排得多，有的层排得少呢？这事也说不清楚。泡利不干了，必须找到问题的关键所在。还有那个反常塞曼效应是怎么回事啊？到现在也没搞定，这哥俩就跟电子干上了。

泡利到了玻尔的哥本哈根理论物理研究所，玻尔给了他一个苦差事，去研究反常塞曼效应。他就从研究碱金属的光谱入手，碱金属光谱会出现反常塞曼效应。正常塞曼效应，光谱在磁场下会分裂成三条。可是反常塞曼效应，光谱分解可不是三条，间距也不一致。这样的话，用过去的计算方法就对不上茬儿了。就拿碱金属的光谱来讲吧，出现了双重线结构。泡利就发现，反常塞曼效应的光谱决定于最外层电子。里边的那些层都排满了，只要排满了，就不会引起反常塞曼效应。

玻尔他们给出的解释是原子核有角动量。原子核自己在转，因此搞得光谱分裂了。泡利不信，他觉得这事跟原子核没啥关系。后来他去了汉堡大学工作，满脑子仍是这个问题，反常塞曼效应到底是怎么来的呢？玻尔老师说，电子总喜欢占据能量最低的坑，那为什么大家不都挤在能量最低的坑里呢？是什么导致了现在分层的排列方式？里德伯早先提出过，原子核外的电子分布每层只能排下$2n^2$个，n就是电子层数取值（1、2、3……），这个系数2从哪儿来的？为什么束缚电子数量是偶数，化学元素就比较稳定？一连串的问题摆在眼前。泡利那颗绝顶聪明的大脑袋一时间也想不到答案在哪里。

他隐隐约约预感到，电子还有一个现在还不太清楚的量子值，这个值具有二值性。所谓的二值性，即要么是正的要么是负的，那么一个电子就具有四个量子数，主量子数、磁量子数、角量子数，还有就是泡利提出来的这个第四个量子数。第四个量子数到底是什么物理含义呢？一时半会儿搞不清楚。量子领域的发现往往是这样，先发现有个物理量存在，然后再对这个物理量进行理解，尽管不知道这第四个量子数到底什么含义，不妨先带着放到公式里算算看。泡利就发现在一个原子里面，不管电子有多少，反正没有两个电子的量子数是完全相等的。那么电子的排布就会呈现规律性，自然而然就能推导出每一层轨道只能排下 $2n^2$ 个电子。这么一看，就豁然开朗了。原来元素的周期性是这么回事。为啥周期表上同族元素的化学性质有相似之处呢？因为它们最外层的电子数是相同的。现在我们看到，元素周期表里面都是一行行一列列的，每一列的元素，最外层电子数都是相同的。因此它们的化学性质都相似。

泡利把他的成果告诉了大家。元素周期律的问题得到了完整的解释。大家也有疑问，泡利你能不能告诉我们，这个第四个量子数到底是个啥玩意啊？别的量子数都能取值1、2、3……这种自然数，为啥第四个量子数只能取两个值，要么正要么负呢？泡利自己也不知道这东西是个啥玩意，他自己也说不清楚。

泡利说不清楚，有人自称能说清楚。美国的一个物理学家叫克罗尼格，他觉得这第四个量子数就是电子的自旋。说白了，电子就像个小陀螺一样会滴溜溜地自转，而且还有磁性。电子不仅仅绕着原子核公转，还有自转。他还拿狭义相对论计算了一番，然后特兴奋地@泡利。泡利一听，小钢炮一架，火力全开。电子会自转？你脑子转糊涂了吧，你脑子转不过弯儿来了吧。要是电子自转，速度会远远超过光速。爱因斯坦的相对论你都白学啦！他的原话很冷淡："这确实很聪明，但当然是跟现实毫无关系的。"弄的这个克罗尼格灰头土脸，充满自卑感。泡利开炮乱轰也不是一次两次了，爱因斯坦他都敢开火，何况是别人。所以克罗尼格被泡利骂得没信心了，也就没把这个自旋的构想写成论文发表，大伙儿谁都不知道。

图9-8 费米去埃伦费斯特处访问时拍的合照，中间是埃伦费斯特，最右边的是费米

过了半年，荷兰物理学家埃伦费斯特（图9-8）的两个学生，一个叫乌伦贝克，一个叫高斯密特（图9-9），他们对老师提出，这第四个量子数就是电子的自旋。埃伦费斯特一听，哎呀！这个想法很新颖啊，值得发表，赶快去写论文吧！他们俩就写了个豆腐块大小的文字，一页纸不到，交给了老师埃伦费斯特，请老师推荐一下，发给《自然》杂志。老师一看，字少了点儿，不过先发了再说吧。他们俩不放心，又去找荷兰最著名的物理学家洛伦兹。洛伦兹看了没表态，说要先研究研究。这两人忐忑不安地回去了。过了一个星期，他们俩去找洛伦兹，看见桌子上铺着一摊草稿纸，洛伦兹脑袋都大了，给了他们一打稿子，上面写着计算结果，要是粒子会自旋，那么粒子表面速度将达到光速的10倍以上。这二位心都凉了，赶快去埃伦费斯特老师那儿，想把豆腐块要回来。千万别发了，这文章要是发表出来，那可闹大笑话了。哪知道，他们来晚了，老师早把论文寄出去了。他们俩哭的心都有了，老师还安慰他们俩，年轻人，出点儿洋相不要紧的，你们俩本来也没啥面子，丢就丢吧。埃伦费斯特老师，有这么安慰人的吗！两人顿时觉得头顶飞过一只乌鸦。

图9-9 大约在1928年，乌伦贝克、克喇摩斯和高斯密特拍摄于安娜堡

　　他们哪儿知道，论文一发表，事就闹大了。马上有人表示赞同，谁啊？正是二师兄海森堡。海森堡还特地给他们俩写信，觉得他们俩想法不错，就是里面出了个因子2，这东西是哪儿来的？这俩人答不上来了。这时候，爱因斯坦到莱顿大学讲学，正好碰上这两个年轻人。他给两个人指点了一番，这么这么这么算，就可以把不同自旋方向的能量差给算出来。

　　泡利也看到这篇论文了，他立刻就火冒三丈，这东西怎么又出来了！泡利的反对也不能说没有道理。他反对把经典力学的概念往量子物理里面扯，自旋是经典物理的概念，泡利的脑子是彻底量子化的，看见经典物理的东西就来气。他跟玻尔说了，自旋这东西是歪理邪说。玻尔倒不这么看，他觉得精细结构、反常塞曼效应之类的问题用这么简单的办法就能搞定，那不是挺好的事吗！到了1926年，英国物理学家托马斯发现这些计算里面有个小错误。去掉这个小错误，就可以顺理成章地得到那个因子2，因此海森堡的那个疑问也最终搞定了。

　　这里要说清楚，粒子的自旋，不是宏观物体的自转这么简单。开始大家以为电子是真的像个陀螺一样自转，后来发现不是这么回事，这也算泡利最初反对电子自旋概念的根本原因，千万不能把宏观世界的理念带到微观世界里。粒子所带的角动量是粒子的内禀特性，讲通俗一点儿，就是粒子的本性之一，是没法改变的。自旋有半数自旋和整数自旋之分。在20世纪20年代，这事还没那么清晰，一直到1940年泡利才把这事搞清楚。最亏的是那个克罗尼格，我想他当时得知这个消息，心头必定如同一千万只羊驼跑过。明明自己领先于乌伦贝克和高斯密特，而且远比他们做得要完善，可惜碰到泡利这个"天煞星"浇了一瓢冷水。他在给别人的信里表达了后悔的心情，以后要多点主见，多一些自己的判断，可惜世界上没有卖后悔药的。

至此，大家已经搞懂了，电子的排列是有规律的，一个原子中没有任何两个电子可以拥有完全相同的量子态，这就是泡利不相容原理。泡利不相容原理可以推广到一大类粒子，那就是费米子。费米子的自旋都是半整数，比如1/2、3/2，自旋数是整数的叫作玻色子，玻色子不适用泡利不相容原理，电子属于费米子。

泡利不相容原理算是旧量子论的最高成就了，但是旧量子论就快要混不下去了。旧量子论还是喜欢把宏观的概念往微观领域移植，比如圆轨道之类。玻尔就是一个在旧量子论里边打转转的人。索末菲改造了圆轨道，搞成了椭圆轨道，而且椭圆轨道还带进动，轨迹是个复杂的花瓣状，他们只是把某些参数搞成不连续的，比如轨道半径。难怪泡利不喜欢这样的玩法。

玻尔早先还和克喇摩斯和斯莱特提出过著名的BKS理论，用来解释量子辐射的问题。三个人合伙写论文，BKS就是三人名字首字母拼凑成的。玻尔在其中提供的思想就是可以放弃动量守恒和能量守恒。宏观领域的金科玉律在微观领域也许就不是那么回事了。当时的一伙儿物理学大牛都稀里糊涂地同意了BKS理论。海森堡起初也有怀疑，后来去了哥本哈根，架不住玻尔一顿洗脑，就表示同意了。他还把这个理论告诉了玻恩，玻恩也同意了。泡利在玻尔身边工作，平常他最喜欢提出反对意见啊，这回也失灵了，他也同意。那个奥地利的薛定谔呢？好像他也不反对。泡利从玻尔身边离开以后，脑袋立刻就凉快了，立刻觉得这事不对劲。

反对BKS的人里面最坚决的是爱因斯坦。获悉了BKS理论之后，他在给玻恩的信中毫不含糊地表示了反对，并写下了一段后来很出名的话："假如BKS那样的理论是正确的话，我宁愿去当一个修鞋匠，甚至赌场的雇员，也不愿做物理学家。"爱因斯坦还提出了很多具体的反对意见。泡利在离开了哥本哈根后这么快就"反水"，爱因斯坦的观点也起了一定的鼓舞作用。

就在1925年前后，新的精确实验结果出炉了，对康普顿效应的精细测量完全与玻尔等人的BKS理论相反。玻尔彻底泄气了，不得不承认BKS理论是错的。没多久，玻尔又在能量和动量守恒问题上栽了跟头，他又向这几个宇宙间的基本定律开刀，闹得泡利都看不下去了。老师啊，你就饶了这可怜的能量守恒定律吧！那是1929年的事，不过歪打正着，引得泡利计算出了中微子，这是后话，暂且不提。

那么这个BKS理论作为一个错误，有没有起到正向作用呢？有的，海森堡就和克喇摩斯合伙写了一篇论文。他在这篇论文里面没怎么用到电子轨道，这为后来的新量子论奠定了基础。

就在1925年，海森堡离开哥本哈根，回了哥廷根，很快就悲剧了，他一个劲儿地打喷嚏咳嗽流鼻涕，脸都肿起来了，浑身上下不舒服。闹了半天，他患了枯草热，也叫花粉症或者过敏性鼻炎。他最后决定远离过敏源，躲到北海的一个小岛上去了（图9-10）。这个岛上全是石头和沙子，没有花花草草。

图9-10 游泳的海森堡

既然出来度假，远离花粉，那就彻底放松一下。白天到海里游泳，晚上读诗歌，剩下的时间用来搞物理。在海岛度假的日子是海森堡最放松的日子，也是他灵感激发的日子。每个人都有不同的激发方式，比如泡利，那就是在骂人的时候最"High"。薛定谔要想激发灵感恐怕要有美人相伴才行，这个后文会讲到。这也算是量子物理学史的三个不确定之一，刚好海森堡、泡利、薛定谔一人一个，这个以后再讲。

海森堡吹着海风，小宇宙开始爆发了。他首先想通了一件事，不能观测的东西，根本就不能当回事。玻尔老师和索末菲老师都说电子绕着原子核做圆周运动，索末菲老师还假设电子的轨道不是圆的，是椭圆的，用椭圆轨道来解释光谱的精细结构。谁看到过轨道？有什么实验证据证明电子的确是在转圈圈？就在此刻，海森堡告别了旧量子论，不经意间迈进了新量子力学的大门……

10.矩阵力学与波动方程

　　让我们再来回顾一下玻尔的原子模型。电子在绕着原子核转圈圈，但是轨道半径不是任意的，轨道半径符合某种整数规律，轨道才能稳定存在，这就是轨道的量子化规则。假如电子从高能轨道跳到另一个低能轨道，就会发射出光子。正因为能级差是固定的，因此发射出的光谱也仅仅是有限的几个频率。我们就看到了光谱上那一道道发射线。

　　海森堡在海岛上吹着小风，精神充分放松了，就开始对玻尔的这个原子模型下手了。玻尔的原子模型里面有个人为的规定，那就是轨道不连续，而且轨道是量子化的。这背后隐含着什么呢？玻尔没说，索末菲老师也没说。大家都默认电子是有轨道的，电子在原子核周围画圈圈，海森堡觉得这事不对劲。你们都说有轨道，谁看见过呢？假如不能检测，凭什么说这东西是存在的呢？玻尔前辈还有索末菲老师，啥也没看到，仅仅看到了光的能级差。你们仅仅看到了电子从一个能级跳到了另一个能级，就认为是从一个轨道跳到了另一个轨道，能级就一定是圆轨道吗？

　　海森堡于是抛开圆轨道概念，开始了另外一条道路的探索。首先，他需要先画个表格来统计一下能级。这也好理解，现在大家在大城市里面坐公交车或者地铁的时候，假如是分段计价的，那么经常会看到一张大表格。横坐标是起点，纵坐标是终点，你找好起点终点，就可以在表格里面看到车票的价钱。海森堡就是这么干的。电子跳来跳去，总要有不同的能级，其实道理就跟公交车地铁不同站之间的票价是一回事。从这个能级跳到那个能级，会放出什么频率的光，这个表格就放进公式去计算。动量一张表，再乘上位置一张表，表格跟表格之间怎么相乘啊？这可麻烦了，海森堡没办法，自己推导吧，最后推导出了表格之间的乘法算法。好在是在凉快的海岛上，要是换了别的地方，恐怕就一脑袋汗了。不过他还是心有忐忑，因为他发明的这个表格之间的乘法有个奇怪的特性，那就是不符合乘法交换律，A×B跟B×A结果不一样。怎么会这样呢？海森堡也纳闷。

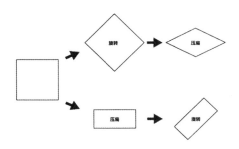

图10-1 同样一个方块，先旋转再压扁和先压扁再旋转得到的结果是不一致的

　　不满足乘法交换律，很多人都想不通这是怎么回事，但在现实生活里其实是碰得上的。大家可能没有注意过，PS做图经常会碰到类似问题（图10-1），一张正方形照片，先旋转45度，然后压扁一半，会得到一个菱形。但是假如顺序颠倒一下，先压扁成长方形，再旋转45度，只会得到一个斜放的长方形。你看，顺序调换一下，结果完全不一样。这是为什么呢？因为图形的旋转和缩放，在数学上都属于矩阵相乘的运算，矩阵相乘是不满足乘法交换律的。因此先乘旋转矩阵还是先乘缩放矩阵，得到的结果是不一样的。

　　现在大学理工科专业都要学到矩阵的相关知识。有一门课叫作线性代数，俗称"线代"。哪怕文科专业对此也有耳闻，海森堡居然不知道。海森堡鼓捣的格子相乘就是矩阵，他当时完全不知道有这么一门学科。因为那时候的大学并不教授线性代数。他完全靠自己发明了矩阵的乘法，当然，他并不知道自己在"重复发明轮子"。

　　除了乘法不满足于交换律，其他的部分海森堡都很满意。在他的这一堆表格计算里面，自然而然出现了不连续的状况，不需要玻尔硬性规定轨道不连续，而且海森堡尽量少用假想出来的东西，参与计算的那些物理量都是可测量的。圆轨道？对不起，没看见，这东西不能往里放。海森堡最满意的就是这一点了。这篇论文后来被人们称为"一个人的文章"。毕竟是海森堡一个人闷头写的。这是量子力学史上里程碑式的伟大篇章。旧量子论全面退场，新量子力学时代就要来临了。

海森堡写完了论文，就回了哥廷根大学。他一看见玻恩老师，立刻就把这份论文给拿出来了，求着老师把把关。毕竟这里头有个让海森堡忐忑不安的东西，表格不满足乘法交换律。他还跟玻恩说，他想趁着假期去一趟英国剑桥大学讲课交流。那时候海森堡已经小有名气了，这帮物理学男孩儿已经开始进入如日中天的辉煌时代。但他们毕竟仍然是一帮大男孩儿。一说出远门出国去旅行，就高兴得直蹦。海森堡一溜烟儿就跑了。话分两头，先不讲海森堡去英国。

玻恩拿过论文一看，怎么看怎么觉得眼熟。海森堡画的这个表格是个啥玩意？怎么乘法交换律这么简单的玩意也失效了？可是后边的推算结果倒是真的让人很激动。过去旧量子论圆轨道的那些毛病全都没有了，这倒是个对旧理论的突破。玻恩就把论文发出去了，没多久就发表，史称"一个人的文章"。

但是不满足乘法交换律这个问题也让玻恩挠头。玻恩想了好几天，突然灵光乍现。这东西怎么这么像当年学数学时学过的矩阵啊。矩阵的乘法就是不符合乘法交换律的。这时候玻恩才恍然大悟。原来海森堡这小子一不留神，自己又把矩阵相关的东西给发明了一遍。那时候，物理学主要靠微积分，对于数学的其他学科不大用得上，因此不熟悉也很正常。那时候很多物理学家都不太熟悉矩阵，玻恩需要个人帮忙，来用矩阵的标准写法把海森堡的东西重新整理一遍。谁学过矩阵呢？他首先想到了海森堡的大师兄泡利，泡利一听这想法，一晃脑袋不干。人家跟玻恩说了，你看看你看看，你就喜欢这种复杂冗长的数学形式，搞这么复杂干啥？那样只会损害海森堡的物理思想。泡利因为他那火力全开的脾气，经常跟伟大的发现失之交臂。前一阵子就这样把量子自旋拒之门外，这一回他又错过了伟大的物理学里程碑。

玻恩没辙啊，泡利这孩子不好惹。人家不干，那找谁啊？这时候有个助手冒出来了，他来找玻恩，表示愿意试试看。玻恩看他说话结结巴巴的样子，赶忙先让他定定神，把音发清楚了。来的正是他的助手约旦，由于口吃，平常不太说话。玻恩老师问，你懂矩阵吗？约旦回答说学过，于是两个人就开始整理海森堡的论文，完全转化成标准的矩阵写法。别再管它叫格子了，传出去又让隔壁希尔伯特那帮数学家笑话物理学家没文化了。

这篇论文写非常详细，因为大部分物理学家不懂矩阵。因此论文还要从矩阵的计算方法，整个体系写起。先搞一下数学矩阵知识的科普，然后才能切入正题讲海森堡的矩阵力学，特别要强调一下，矩阵的乘法是不满足于乘法交换律的，A×B不等于B×A。他们有了正经八百的矩阵工具，立刻就大显神威，计算出了跟经典力学兼容的系统。经典力学就是他们这套矩阵力学的一个特例。矩阵力学是经典力学的扩展，比如能量守恒，在矩阵力学的推导下，能量也是守恒的。不像玻尔前一阵子搞BKS理论，非要跟能量守恒定律过不去。玻恩和约旦就发表了这篇论文。史称"两个人的文章"。

放下玻恩和约旦不表，咱们返回头来讲海森堡。海森堡去了剑桥大学。现在物理学界风头最劲的是德国的哥廷根学派和丹麦的哥本哈根学派。这也没办法，最近德语圈比较牛，瑞士也是大部分人说德语，爱因斯坦理论上也算是瑞士人。奥地利也是德语地区，泡利不就是奥地利人嘛。英国剑桥大学的卡文迪许实验室也不甘示弱，这地方也是现代原子物理的发源地之一，大大有名。卢瑟福是卡文迪许实验室的领导，有一伙苏联学生来访问，据说经费还是列宁特批的。要知道苏联那时候跟西欧国家关系不好，大家处于意识形态的敌对状态。德国、法国、荷兰都不收这帮苏联学生，最后经过层层疏通，他们才来到英国。卢瑟福倒是非常欢迎他们，学术不分国界嘛。有个学生就想留下读研究生，其实他在苏联国内已经当上讲师了。他叫卡皮查，大家记住这个人，后来他和朗道成了苏联物理学界的顶梁柱，也成了研究低温的开创者。后来危急关头，卡皮查还救了朗道一命。这是后话不提。

当时卢瑟福的研究生已经招满了，卡皮查灵机一动，他问卢瑟福，平时做实验的时候误差有多大？卢瑟福说大约2%~3%吧。卡皮查说你看，多收我一个，误差也就3%。你这儿有30个学生，也不在乎多我一个吧。卢瑟福没辙啊，只好把他收下了。

海森堡来到剑桥讲学，他心里没底，也不知道自己那个表格到底灵不灵，他在讲课的时候也就没提。但是卡皮查组织了个俱乐部，晚上一伙人聚会，无拘无束地讲自己的看法。课堂上不能讲的在这儿讲没关系。海森堡就在卡皮查的俱乐部里面把自己的成果给讲出来了。他说，我发明了一种格子，几个表格来回一折腾就能计算原子光谱。就是我有一点吃不准啊，这个表格不遵守乘法交换律，顺序不能颠倒。有个人叫富勒，他一听，立刻来了精神。他就问海森堡，能不能把论文寄一份给他看。海森堡当然乐意。

海森堡在剑桥讲完学，拍拍屁股就走人了，回家就跟玻恩、约旦三个人合伙写了一篇论文，讲述了如何把海森堡的矩阵力学从一个自由度扩展到所有的自由度上。这篇文章史称"三个人的文章"，这是后话了。富勒后来拿到了海森堡的论文，他给了他的学生一份副本。他这个学生本来也是卡皮查俱乐部的成员，但是那天没在，因此没听到海森堡讲课。他本来是搞相对论研究的，在老师富勒的影响下，他对原子光谱这些方面特别感兴趣。玻尔到剑桥讲学，这孩子一听就入迷了，下定决心要搞这方面的工作。你看，玻尔是播种机啊，到哪儿都能播撒出一堆物理学家的种子。

这个孩子1902年出生，叫狄拉克，比海森堡还小一岁。父亲是法语教师，对狄拉克要求很高，希望他学会一口流利的法语。那年头法语时髦，爱因斯坦也学过法语，就是成绩一般般。狄拉克他老爹规定在家必须说法语，狄拉克和他妹妹都一样，在家不许说英语。但是小狄拉克很多思想情感没法用法语表达，干脆选择不说话。狄拉克一辈子都沉默寡言，就跟小时候的经历有关系。后来他特别喜欢物理学和数学。

狄拉克看到了海森堡论文的副本，他倒是眼尖，一眼就看到问题的关键了：这堆格子不满足乘法交换律。不满足乘法交换律的东西其实也没几个，记得在哪儿看到过类似的东西。他一时想不起来在哪儿见过。那几天刚好碰上周末，图书馆都不开门，那时候没有现在的互联网，一敲关键字全有了，那时候都要去图书馆查找资料。

狄拉克等着图书馆一开门，马上窜了进去，在书堆里就一通找啊。终于找到他需要的东西了，这东西叫作泊松括号，是法国数学家泊松在解哈密顿正则方程的时候发明的一种数学符号。狄拉克就发现，假如海森堡的格子用泊松括号的形式改写一下，就会变得清晰简洁。符合乘法交换律的，狄拉克管它们叫C数，不符合乘法交换律的狄拉克叫它们P数。反正经过一系列改造，狄拉克就搞定了。

狄拉克方程的好处就是，不需要引进物理学家普遍都比较头痛的矩阵。在原来经典力学的基础上打几个补丁，这事就解决了。狄拉克的办法不违背能量守恒，而且也可以算光谱，看上去又比矩阵力学简洁清晰。他自己满意得不得了，就给海森堡写了一封信，报告了自己的研究成果。海森堡拿到信一看非常高兴，他觉得狄拉克这个办法不错，但是晚了一步，他已经跟玻恩老师和约旦一起搞出了矩阵力学的论文了。

不管怎么说，狄拉克的办法和海森堡他们搞出来的矩阵的办法，归根到底是一样的原理，只是数学表达有所不同。海森堡的论文总是留下很多线索，这里可以完善一下，搞出点儿啥名堂，那里海森堡提到了，但是没往下深入，后人也可以搞出点儿啥东西，进一步完善一下。可是狄拉克的特点不是这样，狄拉克的文章一拿出来，简洁完美，连个缝隙都不留。别人拿到一看，基本没啥可以继续完善的地方。后来，年轻的后辈费曼，终于从狄拉克的文章里面找到了一点点线索。正文里面找不到口子，就去注解里面找，发现有个地方狄拉克只是提了一下，没有展开深入。费曼就顺着这个小口子深入下去，搞出了个路径积分的办法。这个在后文消灭无穷大的时候再讲。

狄拉克去完整地计算一下氢原子的光谱线，看看是不是跟实验观测完全吻合。计算完了，发现完全吻合，他很兴奋。哪知道这次他又晚了一步，泡利抢在他之前用矩阵力学给算了一遍，也吻合得很好。狄拉克早年老是抢不到第一，总是稍微慢半步，但是他总能后来居上，把计算搞得非常简洁完美。

泡利还是一如既往地高傲。起初玻恩找他，他还不干，到后来他回过味儿来了，但是矩阵力学的开创者里面已经没有他的份了。他当然不甘示弱，就拿刚发明不久的矩阵力学把氢光谱完整地计算了一遍。

矩阵力学的论文在大多数科学家那里反响平平，道理很简单，大家都不懂矩阵，要领会他们几个人的文件精神，那是需要时间的。大家在那儿算矩阵，算得一头雾水，都觉得犯不上跟过去的经典力学完全决裂吧，这一套完全是以前没见过的。就连狄拉克也是这么想的，他的办法也是跟经典力学保持着比较多的联系。

　　就在他们这边搞矩阵力学的时候，另一个人还在折腾波动方程呢，此人就是前文提到过的那个薛定谔教授。薛定谔在德布罗意物质波理论的基础之上就开始推导，推导进行得也很困难。这东西该从哪儿下手啊，薛定谔吃不准啊。这时候，薛定谔还后院起火，老婆闹着要跟他离婚，虽然没有采取啥具体行动，但薛定谔心里还是烦闷不已，他决定圣诞节去山里滑雪。自己一个人去太没意思了，他就写信给维也纳的一个旧情人，让她陪自己一起去滑雪。这事成了量子物理学史上的第一个不确定。这个陪着他去山里滑雪的女士到底是谁？史学家和八卦小报记者都没考证出来。薛定谔跟妻子吵架闹离婚，那一定不是他妻子，好像也不是当时大家都知道的那个情人。薛定谔情人太多，大家都数不过来，这也是妻子跟他吵架的主要因素。据传他妻子也有情人，就是著名的数学家外尔，外尔的妻子似乎也跟别人有暧昧关系。哎呀！贵圈真乱。总之，科学家不是生活在真空里的，他们也有七情六欲。不过薛定谔最终离婚没离成，两人就这样锅铲碰锅沿地相伴了41年。

　　按理说史学家不太关注科学家的私生活，小报记者更加关心一些。但是薛定谔是个例外，因为他的很多灵感就在这个圣诞夜迸发出来。也许是这位女士的陪伴让他灵感大爆发。转过年来，他一连发表了6篇论文，他的波动方程终于推出来了。当然，他在推导方程式的时候，对电子的自旋还不是太清楚。他很想推导一个符合相对论的方程式，但是没成功。自旋跟相对论是有关系的，他就索性先不考虑相对论，用经典力学来做基础。

　　在薛定谔看来，还是应该循着德布罗意的思路。大家为啥会看到量子化的能级呢？因为一切都是波。一根琴弦能振动出来的频率是有规律的，可以分成一份振动，也可以分成两份振动，分成整数份都可以，但是你打算分成1.5份振动，对不起！不行！2.5份呢？也不行。一根弦只能发出某些频率的波，这样的话是可以推导出波动方程的。一门崭新的理论就此诞生，薛定谔的理论继承自德布罗意，一切都是波，被称为波动力学。

　　薛定谔的文章一发出来，物理学界就炸窝了。爱因斯坦说："您的想法源自于真正的天才。"大牛们都给予了很高评价。这跟海森堡他们发表矩阵力学的时候形成了鲜明的对比。矩阵力学发表的时候，反响不大，大家对矩阵毕竟不熟悉，都没弄懂到底是怎么回事，但是薛定谔的波动方程，大家很容易看懂，过去在经典力学里面碰到的太多了，一点儿不新鲜。用大家都了解的东西，居然把量子问题给解决了，当然反响热烈了。薛定谔那时候已经是不惑之年了，不在物理学男孩之列，这个年龄，可以算是大器晚成了。

海森堡也看到薛定谔的成果了。他是横看不顺眼，竖看也不顺眼，觉得薛定谔全是胡扯。他给泡利写的信里就毫不掩饰地说薛定谔的理论是垃圾。

正巧柏林的物理学家都想听听薛定谔讲波动力学，薛定谔就跑了一趟，归途半道又被慕尼黑大学校长请去讲波动力学，校长韦恩带着大伙在下面听薛定谔来讲他的波动力学。海森堡也专门跑去慕尼黑大学听讲。薛定谔就把来龙去脉讲了一遍，讲完了以后，大家提问题，海森堡就站起来了。他问薛定谔，你说一切其实都是个波。那照理说，一切都是连续的，你没法解释粒子本身啊，电子明明是个粒子，跟你说的这波一点儿都不像。薛定谔就解释，这个电子看起来是个粒子啊，它其实是个特殊的波，这是一个波包，你看到的电子其实就是个波包。

海森堡一听就知道不对劲，薛定谔的回答显然是有问题的。其实他拿德布罗意的物质波方程去算算就知道了，电子显然不是波包。假如电子就是这个波包，那么它早就散黄了，根本没法稳定地维持存在。薛定谔的回答显然是存在错误的。

这时候，校长韦恩就站起来了。他首先让海森堡先坐下，然后就对海森堡说，薛定谔教授的问题，他自己能搞明白，不劳你操心，你还是把你自己的事管好吧。海森堡被韦恩打了一闷棍。这个韦恩很不喜欢海森堡，当年海森堡的博士论文答辩，韦恩给了很差的分数，海森堡还一肚子委屈呢。这回海森堡就原原本本地把事情告诉了玻尔，在信里面写得很详细，把矩阵力学跟薛定谔波动力学之间有啥矛盾之处，薛定谔对粒子的理解等问题，全跟玻尔说了。

玻尔看到来信，发觉这真是个问题，需要好好地讨论一下。玻尔显然是了解矩阵力学的，但是提到波动力学，他显然需要找薛定谔来问一问。写信太麻烦，最好薛定谔能够来哥本哈根走一趟。玻尔就写信给薛定谔发出邀请，薛定谔就来了。玻尔去火车站接站，薛定谔就住到了玻尔家里。玻尔很喜欢让海森堡这帮男孩住到自己家，但是一想到要住在玻尔家里，这帮子男孩脑仁儿都疼。这个玻尔哪儿都好，不论是脾气秉性还是对于物理学的直觉与灵感都不错，就是一旦讨论起物理学问题，那就没完没了，不管不顾，弄得人疲劳不堪心力交瘁。薛定谔起初不知内情，就住进了龙潭虎穴。研究所的房子都是著名啤酒厂商嘉士伯的基金会赞助的，玻尔的家曾经安置在研究所二层，那里经常是谈笑有鸿儒，往来无白丁，国王夫妇有时候也来拜访。后来1926年玻尔家才搬到旁边一栋独立的房子里去，研究所也大规模地翻建了一遍。

薛定谔10月份来的时候，房子还是崭新的。薛定谔就住进去了，然后就悲剧了。

玻尔这几天就陪着薛定谔。玻尔总有问不完的问题，哥本哈根理论物理研究所的一帮年轻才俊也是火力全开，薛定谔招架不住了，即便是休息时间也不得安宁。谁叫他误入龙潭虎穴呢，玻尔开启全天候讨论模式。而且玻尔反应慢，别人经常要讲好几遍，有时候他还挺倔，还跟薛定谔争论。这种强度，即便那群物理学男孩都扛不住。

几天下来，薛定谔就扛不住了，病倒了。玻尔的夫人负责照顾薛定谔，玻尔也坐在病床前陪着。薛定谔不由得长叹，我这算干什么来了？受这份洋罪啊。玻尔还安慰他，你不要这么想，我们觉得你的理论很不错，才让你来给我们讲讲，只是还有一些问题我们搞不太清楚啊。玻尔继续问薛定谔问题，薛定谔那叫一个惨啊，生着病，还要跟玻尔讨论。玻尔的夫人看不下去了，把玻尔拉开，薛定谔这才清静了会儿。

薛定谔把病养好了，灰头土脸地回了家。好家伙，走这一趟差点儿把命搭上。但是薛定谔下决心要把事情搞清楚，矩阵力学和波动力学之间到底是什么关系，这个粒子和波到底是什么关系。其实当时研究这事的人不止薛定谔一个人，狄拉克也在研究，泡利、约旦也都在研究。大概到了1926年4月份，大家都得出了结论。矩阵力学和波动力学，其实在数学上是等价的，两者都是从哈密顿的方程式推出来的，最后殊途同归倒也不奇怪。从矩阵力学可以推导出波动方程，从波动方程也可以推导出矩阵力学，但是这不但没解决问题，反而使得大家更加困惑不解。

海森堡的老师索末菲很喜欢波动方程，玻恩也很喜欢波动方程，他还称波动方程是"量子规律中最深刻的形式"。但是，对于波函数的物理含义，大家都不太清楚这到底代表什么。理论物理学经常出现这样的问题。公式里面的这个东西到底代表什么含义，往往推导公式的人自己也不是很清楚。薛定谔的这个波函数，到底是什么含义呢？粒子是不是就是薛定谔说的那个波包呢？

11.测不准的量子

上文讲到，薛定谔、狄拉克和约旦他们几个，分头证明了海森堡的矩阵力学和薛定谔的波动方程在数学上是等价的。说白了，都是从哈密顿的方程推导出来的东西。

假如说，一个正确一个不正确，那这事就好办了。假如都不对，那也好办。但是偏巧两个人都对，这可麻烦了。因为矩阵力学和波动方程虽然在数学上等价，但是理论出发点是完全不同的。薛定谔用的是微积分，海森堡他们几个用的是线性代数。微积分之所以叫微积分，那是因为计算方式建立在一切都是连续的基础上。正因为一切都是连续的，才能够不断地细分下去。可是在矩阵里面，恐怕就不是这么回事。

在德布罗意的思想里面，电子是粒子，但是伴随着一种相位波。薛定谔可不这么看。在薛定谔的眼里，一切都是波。为啥会看到一个个电子呢？那是因为电荷在空间里面不是均匀分布的。波函数就描述了电荷的密度。电子看上去是个粒子，其实它是个波，对于波这个东西来讲，那是连续的、无处不在的。你看到的电子，不过是因为电荷比较集中，在这里聚成一坨而已。

但是有人不同意薛定谔的这个解释，这个人就是玻恩老师。玻恩就觉得波函数一定不是描述电荷密度的，波函数描述的是粒子出现的几率。准确地说，波函数的平方与粒子出现的几率成正比。说白了，波函数描述的是"概率波"。到此为止，我们讲述量子力学的成长史，终于抽丝剥茧，触及事物的核心了。量子力学发展到现在，已经足以让过去的物理学家们目瞪口呆。你叫牛顿转世再来一次，他要看到量子力学，绝对能哭晕在厕所里。因为这个几率解释实在是太毁三观了。

薛定谔听到玻恩的这个几率解释，一晃脑袋死不认账。不对！不对！不对！重要的事情说三遍。因为薛定谔敏锐地认识到，这个几率解释的背后，有个巨大的颠覆，那就是确定性。在玻恩的几率解释之下，确定性必定完蛋。在经典力学里面，我们总是可以知道一个粒子会出现在哪里，你知道了粒子的位置，知道了粒子的速度，也知道哪些因素会影响到粒子的运动，就可以用数学来描述粒子的运动轨迹。你总可以用微积分推算一下，然后做实验测量一下，看看是不是有偏差，再继续完善修正计算方法。要是计算准确，你总可以预言任意时刻的粒子位置，就像我们可以预测行星的轨道一样。在经典物理学家眼里，粒子与行星没啥不同。但是玻恩给出的波函数解释可不是这样的。按照玻恩的解释，只能知道粒子在这个位置上有多大几率出现。至于粒子在不在这里，现在在哪里，不知道！统统不知道！

这里要讲到所谓的统计概念了。统计力学是在麦克斯韦大师和玻尔兹曼的手里成型的。最开始是为了研究气体和热力学。那么多的分子在运动，没法一个个地跟踪了解每个分子的运动状态，互相之间撞来撞去的太复杂了，只能想法子宏观上统计一下。我们的日常生活里面也会碰到类似的问题。比如，吃米饭总不会去一颗颗地把米粒数出个总数吧，只要大概知道吃了几碗就完事了。但是，只要你下工夫，是能够数出一碗饭的米粒总数的。不是搞不清楚，而是犯不上搞清楚。

然而，玻恩老师的这个几率解释，是真的只能给出个出现几率。电子在这里吗？不知道，只能知道个出现几率。下一刻电子在哪儿？不知道。一问三不知，这还得了。薛定谔当然不会同意这样的观点。按照薛定谔的意思，物理学家为啥能够了解和发现物理规律呢？因为自然界是确定的，事情可以一次次重复，因此我们才做实验来观测，才能用数学方法来描述物质的运行规律。你倒好，只知道几率，不知道真实的位置，那我们物理学不就完蛋了。薛定谔就蹲到一边生闷气去了。

薛定谔想不通，海森堡还想不通呢！他觉得薛定谔的波动学说不靠谱，可是玻尔老师越来越喜欢波动学说，海森堡心里就不爽。自打薛定谔来过哥本哈根，大家一顿火力全开，把他累得大病一场。即便是病了，玻尔还是缠着他问问题，闹得薛定谔灰头土脸地回了家。自打那以后，玻尔下功夫仔细审视薛定谔的波动方程。结果时间长了，越看越顺眼。海森堡就越来越揪心。老师，你这是要反水啊！海森堡心里就像十五个吊桶打水——七上八下。

1926年，玻尔一直在沉思。玻尔总是喜欢更深层次的哲学思考。在他的思想里面，粒子性与波动性是必须统一考虑的，但是玻尔的思想还没有成型。他那一阵子经常跟克莱因一起讨论有关波动性的问题。克莱因算是他的助手里面最了解波动性的人了。就是克莱因和高登两个人，不约而同地分别推算出了符合相对论的波动方程，后来就以两个人的名字来命名，叫作"克莱因-高登方程"。薛定谔曾经也想推算出一个符合相对论的方程式，但是他对自旋不太了解，毕竟这也是刚刚发现的新特性。这个自旋跟相对论是有关系的，导致薛定谔计算的时候出了偏差。薛定谔就先放弃了相对论，按照经典力学来计算，果然获得了成功，能够计算出光谱线。后来克莱因和高登给薛定谔的工作打了个补丁。克莱因高等方程是可以计算自旋为0的粒子的。克莱因这一年也是成果颇丰。

海森堡越来越郁闷，好在还有不少伙伴支持他，比如说泡利和约旦。狄拉克也来哥本哈根访问，和海森堡一见如故，这两个娃娃脸算是碰到一起了。

玻尔去度假了，扛着滑雪板去挪威滑雪了，海森堡自己陷入深深的思考之中。薛定谔的波函数是连续的，自己的矩阵是不连续的，两个公式居然都对。狄拉克、泡利和约旦都计算了两者的转换，但是这又意味着啥呢？自己早就已经否定了连续的轨迹。一切都以可观察可测量的东西为基础，那些测不到的东西就不能当回事。这个电子的运动可以测量吗？照理说用威尔逊云室是可以测量的，但是威尔逊云室真的看到了电子的轨迹吗？其实不是这么回事。那是一连串的蒸汽凝结，而不是电子本身。按照矩阵的计算方法，那是不满足乘法交换律的。意味着啥呢？假如先测量位置再测量动量，跟先测动量再测位置，得到的结果是不一样的。海森堡吓了一跳，这麻烦大了。就好比你先称体重120斤，再一量身高1米65。然后换一换，先测一下体重，怎么变成150斤了，再测身高，1米78。这两次测量的结果不一样，也太恐怖了吧。海森堡就想啊，这量子领域不会这么没准谱儿吧，这是怎么造成的呢？他突然想到，这会不会是测量行为本身造成的？量子的世界是如此的小，导致我们的测量干扰不得不考虑在内。我们观测微观世界都要用啥办法呢，还不是靠光之类的办法。我们讨论电子的跃迁，还不是因为看见了发出的光谱嘛！我们要怎么测量一个电子的位置呢？好办，发出个光子去撞一下，看看光子被反弹到哪里了，反推一下就行了。但是，电子已经被我们发出的光子撞飞了，飞到哪儿去了都不知道，那还测什么呢？

他设计了一个思想实验，假设有个大号显微镜，要想提高显微镜的分辨率，必须用波长很短的光，波长越长看起来就越模糊，换句话来讲就越测不准。蓝光DVD为啥比红光DVD的容量更大呢？因为蓝光能产生更细的光点，红光的光点大很多。因为蓝光的频率高，为了达到最高的分辨率，我们可以用最短波长的光线伽马射线。伽马射线的频率非常高，根据光子的能量跟频率成正比，可以知道伽马射线的光子能量很大，它碰到电子，立刻把电子给撞飞了。反正能量一大，啥都不准了。

就在1927年，海森堡给出了一个惊人的结论，那就是所谓的测不准原理，也叫不确定性原理。海森堡是这么描述的，动量的误差和位置误差相乘必定大于某个常数，要是想缩小一个，另一个必定增大。就是所谓按下葫芦起了瓢。这个好像还好理解一点儿，还有更"毁三观"的呢，海森堡发现，时间的误差和能量的误差相乘也必须大于某个常数。这可更加麻烦了。假如我们测量时间测得很准，那么能量就会变得非常不准，甚至可能瞬间发生很大起伏。那有人会说，还有个极端的办法——冷冻，冷冻到绝对零度，粒子的运动完全停止了，那不就可以老老实实地测量了吗？狄拉克说了，想得倒美。即便到了绝对零度，粒子也不会老实，不然就违反了测不准原理。那干脆啥也不要，完全的绝对真空，这总是确定的吧，什么也没有。狄拉克说了，哪有那便宜事。测不准原理仍然有效，真空里面会蹦出粒子然后瞬间消失，真空仍然是粒子沸腾的海洋。狄拉克的这些结论当然是后来得出来的，后文要提到。

海森堡写了一份论文。抄送给了远在挪威的玻尔。玻尔一看，立马打包收拾行李回哥本哈根。海森堡见着玻尔就问，你看我的这个文章怎么样，给个意见吧。玻尔就问啊，你这个测不准原理，考虑没考虑波的问题？海森堡听完一愣，他压根儿没考虑波的问题，他压根儿就不喜欢薛定谔的那个波。玻尔说，其实你的说法是观察者效应，观察者的测量行为会影响到结果。不确定性实际上是波粒二象性在搞鬼，不是观察者效应。海森堡跟玻尔吵得一塌糊涂，玻尔还说他的显微镜思想实验是不对的。海森堡委屈得大哭，两个人闹得不可开交，最后还是泡利大老远坐火车跑来给两人劝架，一个劲儿地调解，这事才算过去了。

玻尔很喜欢哲学，经常看《道德经》，偶尔还抓着手下的人给他们讲"道可道，非常道"，闹得手下都脑仁儿疼。哲学思维能起到什么作用呢？能让人少走弯路，在纷繁复杂的各种因素中找到问题的关键点。玻尔在意大利的一次物理学会议上就提出了互补性原理，它其实是不确定性原理的哲学表达。大会前要准备发言稿，克莱因记录，玻尔口授，克莱因算是领教了玻尔的"发散性思维"。一般来讲，修改文章总是"收敛"的，改来改去，最后逐渐趋于完善，也就不用再改了。可惜玻尔改文章是"发散"的，今天口授的，明天全部推翻重来，一直到没时间改了，写成什么样就什么样吧。克莱因快要哭死了。

在海森堡的脑海里，还仅仅是没法测量的问题，但是玻尔看到的是不确定性的问题。所谓的互补原理，就是说粒子特性与波动特性是互补的。你要是测量了粒子方面的数据，那么波动方面的数据就测不准。波动方面的数据测准了，那么粒子方面的数据就特别不准。

当物理学家们为量子的测不准而头痛的时候，搞信号处理的科学家们也在面临测不准的问题。很多年后他们才知道，量子领域的测不准和信号处理领域的测不准其实背后的数学原理是一码事，不确定性不仅仅局限在量子领域。

以给飞驰的炮弹拍照为例（图11-1），当快门速度极快的时候，拍出来的照片就会很清晰，炮弹的位置也是准确的，但是你无法判断炮弹的运动趋势。假如你放慢快门的速度，照片会模糊，但是根据拖尾的长度，可以判断方向和速度，但是位置就已经误差很大了。这就是在信号处理上遇到的不确定性问题。道理都是一样的。

位置很清晰，运动趋势完全看不出

运动方向和速度都能判断，位置就模糊了

图11-1 运动中的炮弹

玻尔写了封信给爱因斯坦，当然讲到了不确定性原理，但是爱因斯坦拿到信一看，不由得皱起眉头。爱因斯坦显然不认为哥本哈根那一伙人的理论是对的。在玻尔他们看来，背后起作用的是几率，你也只能知道个几率。你测准了位置，那就没法测准动量，测准了动量就测不准位置。爱因斯坦当然对这个理论很不满意。他认为这个宇宙虽然显得深不可测，但是始终是靠谱的，始终是确定的。他后来讲了一句意味深长的话，那就是"上帝不掷骰子"。

1927年，对于物理学来讲是个重要的年份，因为这一年有一件重要的事发生，召开第五届索尔维会议。物理学大牛们要碰头讨论问题，有话大家敞开了说，有关量子的问题，可以在会议上好好地讲一讲。等到深秋，大家在布鲁塞尔好好聚聚，当面锣对面鼓，把问题彻底讨论清楚。

玻尔也知道了爱因斯坦反对几率解释，心里压了一块大石头。要知道现在的爱因斯坦，那是物理学界的泰山北斗，要是他不同意，那可麻烦了。玻尔也预料到，今年秋天的索尔维会议，火药味儿是绝对不会少的。

1927年的索尔维会议主题本来是"电子和光子"，但是大家主要的精神头都放在了量子的不确定性原理上了。会议一共请了32个人参与，有不少人是"炸药奖"得主，物理学界的牛人基本都来了。洛伦兹是大会主席，他是真正年高德勋的长者，而且会好多国家的语言，当大会主席最合适不过了。洛伦兹是老一代经典物理学家的代表，普朗克跟他差不多。剩下的人大概分了三拨：实验物理学家关心的是做出了什么样的实验，得到什么样的实验结果，这些人以居里夫人为首，还有康普顿、布拉格、劳厄、德拜，在这次会议上基本属于围观打酱油的；这次索尔维会议的主力军是哥本哈根学派，领头的是玻尔，得力干将自然是海森堡、泡利、玻恩、狄拉克等；剩下的就是他们的反对派了，为首的就是爱因斯坦，得力干将是德布罗意和薛定谔。

大会一开始，主席洛伦兹就劈头盖脸地把几率解释给批了一顿。他说，对于电子来讲，只会在确定的时间出现在确定的地点，如果有人企图用可笑的几率观点来解释它，那是绝对错误的。赞同洛伦兹的人拼命给他鼓掌。老人越说越激动，"我再也不会相信，现在所谓的科学还会与客观事实相符。我也不知道我为什么还活着，我只遗憾自己没在5年之前死去，那时这些讨厌的东西至少还没在我眼前出现。"活这么久干啥啊！早知道你们鼓捣出个这玩意，我干脆早5年死了算了，眼不见心不烦。洛伦兹老爷子这话说得够绝的。可想而知，玻尔坐在台底下脸色能好看吗？玻尔转眼看爱因斯坦，没啥表情，闹得玻尔心里更不踏实。再往后看，海森堡和泡利呢？这俩孩子怎么到现在还不出现，他们俩出发也有一个星期了吧，什么火车要开一个星期，你们俩去哪儿了？正想着呢，进来两个年轻人，一看正是海森堡和泡利。玻尔一瞧，好家伙，你们俩怎么这模样了，胡子也没刮，头发乱糟糟的。原来这两个人在转车住旅馆的时候，讨论问题太入神了，丝毫没有注意小偷把他们俩的行李车票全给偷了。他们狼狈至极，当了好几天盲流，好不容易才来到布鲁塞尔。

他们俩来了，大会也进入了主要的议程。大会议程其实很简单，先是宣读5篇报告：布拉格的《X射线反射的强度》，康普顿的《辐射实验与电磁定理间的不一致》，德布罗意的《量子的新动力学》，玻恩和海森堡的《量子力学》，薛定谔的《波动力学》。前两篇是有关实验的，大家都没啥好说的。后边才是重头戏。大会组织者还可劲儿撺掇爱因斯坦也做个报告，爱因斯坦找各种理由给推脱过去了。宣读完这5篇报告，接下来就是自由讨论阶段。

第一天，一切平静，布拉格和康普顿讲他们的东西，大家都洗耳恭听。然后做了发言，除了爱因斯坦。爱因斯坦好像在本次索尔维会议上话特别少，不知道他葫芦里卖的什么药。

第二天，德布罗意开始发言，讲述他的导波理论。他的概念是，每次对电子进行测量只能看到电子的一个面，就像盲人摸象一样。可以摸到波动性这一面，也可以摸到粒子性那一面。波粒二象性嘛，既是粒子又是波。你摸到哪一面，由你的观测方法决定。泡利听完马上蹦起来火力全开，海森堡还在一边儿帮腔。按照哥本哈根学派的理解，其实电子在测量之前啥也不是，测量的过程才决定了它的状态，关系恰好是倒置的。德布罗意哪架得住这两位联合开火啊，一个劲儿地看爱因斯坦，可爱因斯坦面无表情，干看着不说话。

第三天上午，海森堡和玻恩联合发言，内容包括数学体系、物理解释、不确定性原理、量子力学的应用。先要介绍一下矩阵力学的数学工具，毕竟很多人对这玩意都不是太熟悉。他们介绍完了以后，还回顾了一下量子力学的发展历程，这门学科是从普朗克、爱因斯坦、玻尔那儿延续下来的，这三位都在台底下坐着呢。爱因斯坦这时候突然露出了笑意。旁边埃伦费斯特一看，觉得有问题，你当木头人也好几天了，连个表情都没有，怎么这会儿笑了呢？这事不妙。他写了个条子给爱因斯坦，上边写着"别笑"。爱因斯坦回了个条子，上边写着"幼稚"。但是爱因斯坦始终不发言，沉默是金。

第三天下午，薛定谔做报告。讲的是他的波动方程，顺便声援了德布罗意，他们俩是一伙的。他刚发言完毕，台下站起来三个人，玻尔、玻恩、海森堡，薛定谔心里就一紧，上次在哥本哈根被围攻的经历还记忆犹新，这回又跑不掉了。果然，薛定谔又一次招架不住，他也以期盼的眼神盯着爱因斯坦，爱因斯坦还是一言不发。薛定谔心里说，你也太淡定了。

第四天，休会。法国科学院举办菲涅耳逝世100年纪念活动，索尔维会议休会一天半，爱因斯坦、玻尔等20人去巴黎向菲涅耳致敬。要知道菲涅耳号称是现代物理光学之父，那是法国非常优秀的科学家，光的波动学说就是在他手里完成的。这样一位前辈很值得花一天时间去纪念一下。布鲁塞尔到巴黎其实距离不算远，也就300公里，大约就是上海到南京的距离，跑一趟也就跑一趟了。

第五天开始自由讨论。大家都想站起来发言，会场上一片混乱。大会主席洛伦兹不断拍桌子，大家静一静静一静。可现场还是太乱了，德语、法语、英语吵成一片，埃伦费斯特一看，就在黑板上写了一行大字："上帝真的使人们的语言混乱了！"这是《圣经》里面的一个典故，从前所有的人都是说一种语言的，后来这群人迁徙到东方的一片草原上，决定修建高耸入云的巴别塔。上帝看到这个情形觉得大事不妙，于是把人分散开，各地的人说种种不同的语言。于是巴别塔工程就被人类的分歧和沟通不畅给搞完蛋了。这个典故在西方家喻户晓。看到这行字，大家都老实了，排队，挨个儿发言吧。

大会主席洛伦兹点名玻尔先发言，玻尔就阐述了观测的意义。对于电子来说，你不观测它的时候，讨论它存在不存在是没有意义的。物理学的任务不是要找出自然是什么，而是对于自然，我们能说什么。

玻尔的话让大家比较毁三观，因为他把物理学的意义给改了。这东西其实牵扯到哲学。比较老派的物理学家们都感到别扭，爱因斯坦也不舒服。哥本哈根学派的几个小男孩特别开心。只有狄拉克是个例外，他啥也没说。

玻尔是哥本哈根学派的主将，"老将出马，一个顶俩"。这时候，爱因斯坦终于发言了，同一阵营的薛定谔和德布罗意可算是松了一口气。爱因斯坦是思想实验的大师，他不跟你玩虚的。你在那里空对空讨论理论，或者玩哲学上的思考，那都没用。爱因斯坦一抬手设计了一个思想实验，假如板子上有个小孔，一个电子飞过去，那么电子穿越小孔的时候将发生衍射现象。我们现在有两个办法解释这一现象。假如用德布罗意和薛定谔的说法，这个电子其实是个波，说白了就是一大坨云彩穿过了小孔发生衍射。第二种说法就是用哥本哈根学派的说法，的确有一个电子，而波函数是它的"分布几率"，电子本身不扩散到空中，而是它的概率波。爱因斯坦承认，观点二是比观点一更加完备的，因为它整个包含了观点一。尽管如此，爱因斯坦仍然说他不得不反对观点二。爱因斯坦就开始详细说明他为啥反对第二种说法了。电子冲过小孔之后，按照波函数计算，它打到屏幕上任何一点的概率都不一样，但是概率都不为0。电子没打中屏幕之前，任何一点都有"中刀"的可能性。电子自己决定打中A点，事情突然发生变化，电子落到了A点上，A的概率突然变成了100%，其他点突然变成了0，好像这消息传得太快了一点儿吧，别的点是怎么知道电子已经打中了A点呢？而且别的点不管离得多远，都能瞬间知道，不需要时间传递消息吗？这是违反狭义相对论的。爱因斯坦说你们逻辑有问题，依我看，电子通过小孔以后，有很多条路径可以走，电子只是走了其中一条。我们现在不知道电子是怎么选择路径的，也不知道是什么因素在控制着电子选择路径，因此量子力学给出的计算，只能计算到概率。说白了，不是我们物理学家无能，而是电子太狡猾了。从这个角度来讲，量子力学是不完备的，只是个阶段性成果，远不是事物的本来面目。

中军主将开火，果然是出手不凡。玻尔和他的小伙伴们表示不太明白爱因斯坦在说什么。但他们觉得，"波函数坍缩"需要说清楚：波函数只是一个抽象的概率波，不是真实飘荡在空间中的波，所以它在A点坍缩时，不需要把消息传给其他各点，也就是说，其他各点的波函数不需要接到A点通知，就能在同一时刻把概率集中到A点，不管离A有多远。

爱因斯坦自然对这种解释不满意，他坚信"上帝是不掷骰子的"。玻尔马上展开反击，"别指挥上帝该怎么做"。两个阵营的主帅都出场了，旁边"打酱油"的观众也很兴奋，毕竟这是最高水平的物理学讨论。玻尔这群哥本哈根学派的人是最团结最坚定的，他们是组队出征啊，泡利伶牙俐齿火力全开本来就没几个人能招架得住，玻尔更是老道，他一生辩论都没败过。爱因斯坦这边的都是散兵游勇，主力就是德布罗意和薛定谔，可惜这两位从辩论气势上就矮了一头。当然，势力最大的是"酱油帮"。从主席洛伦兹到居里夫人到朗之万到康普顿，这一大帮子都在一边儿围观。德布罗意只懂法语，爱因斯坦跟玻尔辩论的时候，他总是一脸茫然，洛伦兹还要一句句地翻译他才能听懂。洛伦兹老爷子更糟心，会场上的每句话他都听得懂，可他哪句话都不认可，还要把自己不喜欢的理论翻译给别人听，那就别提多难受了。总之，"酱油帮"的倒向才决定着最后双方辩论的输赢，那么最后他们会倒向谁呢？下回再说。

12.真空不空

　　索尔维会议上，玻尔和爱因斯坦对阵。双方的中军主将出马，的确效果不同凡响。这一连串的争论都是有关不确定性。当然，不管会场上学术争端多么激烈，他们平时生活里都还是友好相处的。爱因斯坦和玻尔是很不错的朋友，他们俩一边散步一边聊天的时候，话题也离不开物理学。海森堡和泡利有时候就在后边跟着，听听两位大师都聊些啥，偶尔憋不住还顺便插个嘴。几个大男孩也喜欢在一起聊天，天南海北，话题广泛。泡利、海森堡、狄拉克是年轻一辈，玻尔和爱因斯坦是中年一代，玻恩、薛定谔也算他们的同代人，洛伦兹和普朗克那是老一代了。

　　别看薛定谔和玻恩的物理学观点是对立的，其实两人很投缘，特别爱聊第一次世界大战的时候在战场上的经历。一个德国兵一个奥地利兵，都是同盟国这边儿一伙儿的。泡利他们几个年轻人在讨论宗教问题。普朗克家是神学世家，路德宗，他不可能不受家庭影响。爱因斯坦一直宣称他的上帝是斯宾诺莎的上帝，也就是泛神论。这个上帝的含义其实就是宇宙和自然的代名词，跟教会没啥关系。爱因斯坦其实算是不可知论者，不可知论和无神论是有区别的。狄拉克是彻头彻尾的无神论者，在无神论看来，不可知论是个半吊子。结果，平时不擅长言辞的狄拉克打开话匣子，滔滔不绝地讲了一大堆。海森堡一看，完蛋了！这家伙受尼采和马克思的影响太深了。胖胖的泡利晃着大脑袋嘿嘿一笑，狄拉克一不留神已经创立了一个宗教，这个宗教有两条原则：第一条是上帝不存在，第二条是狄拉克是先知。大家都乐开了花，包括狄拉克自己。还真被泡利说中了，狄拉克还真是颇有先知的风范。

索尔维会议开了6天，大家都在不断讨论量子力学的问题，尤其是最后玻尔和爱因斯坦的辩论。到最后，爱因斯坦、薛定谔和德布罗意他们几个还是不认可哥本哈根学派的那一套。但是围观的"打酱油"群众慢慢都开始倾向于哥本哈根学派。说白了，大家对玻尔他们那一帮子的认同感更强。量子物理的哥本哈根解释得到了广泛传播。大家都知道了，量子那档子事是反直觉的，好多宏观思想在微观领域内是不好使的。不好接受也要接受，毕竟事实面前不得不认账。就连爱因斯坦的好朋友埃伦费斯特都一屁股坐到玻尔那边儿去了，还替爱因斯坦惋惜，你看你现在的状态，就跟当年反对相对论的那帮人差不多了嘛，你怎么就没有接受新鲜事物的勇气了呢。爱因斯坦一晃脑袋，就是不认账，他总觉得量子力学是不完备的。他还在思索着相关的问题，玻尔的漏洞在哪儿呢？这一想就是好几年。

大家在大饭店里面好吃好喝地招待着，开了好几天的会。物理学家们平时碰头不太容易，彼此都是通信往来交换看法，好不容易能聚会一堂，当然是很难得的事。最后大家都坐好了，一共排了三排，洛伦兹和爱因斯坦坐中间，大家照了一张合影。就是一直流传至今的那张最著名的索尔维会议合影（图12-1），算是20世纪上半叶最杰出物理学家的一张全家福了。吃完喝完

图12-1 第五届索尔维会议合影

吵完，大家拍屁股走人了，哥本哈根学派的思想也就被带到了全世界。转过年来，1928年，洛伦兹老爷子去世了，这标志着一个时代的终结。

1928年，海森堡"单飞"了，他来到莱比锡大学担任理论物理学教授。那年头当个终身教授不容易，海森堡是全德国最年轻的物理学教授。他也打算像授业的恩师索末菲、玻恩老师、玻尔老师那样，教出一帮子好学生，就开始招兵买马，广揽人才。有个来自匈牙利的犹太人来到了莱比锡大学当他的助手，此人叫爱德华·泰勒，后来的氢弹之父。当然，德国面积不大，海森堡依然可以到处跑，到玻尔那里去拜访，到哥廷根去找玻恩聊天。泡利在苏黎世工业大学，那是爱因斯坦的母校。薛定谔一开始在维也纳大学，后来也到了苏黎世。

图12-2 朗道和卡皮查（1948年）

东方的苏联派了不少年轻人到欧洲来游历，前面我们讲到过卡皮查（图12-2），他就是苏联政府选拔出来到欧洲深造的。像他这样的不在少数。这不，又有一批年轻人来到欧洲学习，其中最出名的一位就是朗道，他在欧洲转了一大圈，从英国的剑桥、曼彻斯特到哥廷根到丹麦的哥本哈根，跟卢瑟福、玻恩、玻尔都学习过，还去见过爱因斯坦。他通常自称是玻尔的学生，其实他跟玻尔仅仅学过4个月，但是被玻尔的物理学洞察力所折服。朗道是一个浪漫的物理学家，他对物理学的所有领域都感兴趣，而且极其聪明，可以跟泡利并驾齐驱。当然了，除了几位前辈高人，比如玻尔和爱因斯坦，朗道对别人都不怎么服气，年轻一辈里面唯独见了泡利要矮半头，大家都是聪明人嘛。

朗道最后悔的是自己晚出生了几年，恰好错过了量子力学的创立期。泡利、海森堡、狄拉克这一批基本都是世纪初出生的。泡利生于1900年，海森堡1901年，狄拉克1902年，朗道是1908年出生的，晚了一茬。还有几个人，我们后文要讲到。约里奥-居里，法国人，也是1900年出生的，是居里夫人女儿伊雷娜的丈夫，显然他们延续的是居里家族重视实验物理的传统。恩里克·费米是1901年出生的，他在哥廷根跟随玻恩老师学习过，后来去了荷兰的莱顿，也算是海森堡和泡利的同学。让海森堡羡慕的是，费米的理论与实验两手抓两手都要硬，人家这个本事不得了啊。还有一位也是哥廷根大学的同学，1904年生人，来自美国，叫奥本海默，后来的原子弹之父。这都是海森堡和泡利的同学。当时的物理学中心就在德国，因为现代物理的两大支柱，相对论和量子力学，都是德国人的成就。

大约就在1930年之前，一大堆牛人已经各就各位，准备好了对新领域发起挑战。特别是有了量子力学这个利器，揭开微观世界的奥秘已经是指日可待的事情了。要知道，量子力学的初衷也不过就是要解释原子的结构而已。谁都想不到，一不留神就搞出了这么一个离经叛道毁三观的体系。狄拉克跟玻尔谈起量子力学如何与狭义相对论结合的时候，玻尔告诉他，克莱因和高登两个人已经解决这个问题了，他们推导出了克莱因-高登方程。狄拉克却说这还远远不够。

克莱因-高登方程是在薛定谔方程的基础上搞出来的，只不过是加入了狭义相对论的成分，考虑了自旋的情况。但是克莱因-高登方程会解出负能量和负概率，这不要老命了吗！加进了狭义相对论以后，经常会解出一正一负两个答案。谁听说过负能量这个概念啊，负概率又是啥意思？这显然是方程有问题。

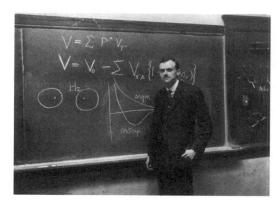

图12-3 保罗·狄拉克

　　泡利说中了，狄拉克（图12-3）的确有当先知的资格。在1928年，狄拉克推导出了狄拉克方程。狄拉克方程自然而然就推导出了粒子的自旋，不需要额外规定。而且狄拉克方程干掉了负概率，但是负能量的问题没解决。正能量的解好办啊，在狄拉克看来不就是电子嘛。电子总是要从高能态跳到低能态，然后辐射出光子。假如不存在负能量的解，那么能量最低态也就是0。电子从高能态跌向低能态，总还有个底。假如可以存在负能量的状态，那么低能态就不存在托底的，负数可以一路滑向负无穷，那么电子可以辐射出无限的能量，这不变成永动机了嘛！能量守恒不就完蛋了。

　　可是狄拉克方程里面计算出来的这个负能量又消不掉，该如何解释呢？这要到1930年他提出反粒子的假设才解决问题。狄拉克说，真空并不是空无一物，而是能量最低态，所谓能量最低态，并不是啥都没有的状态。就好比两个穷光蛋比穷，穷光蛋A说自己兜里一分钱都没有，因此自己是最穷的。另一个穷光蛋B说，这算啥，自己不但兜里一分钱没有，而且还欠着全世界所有人的钱，这才是最穷的。狄拉克说了，所谓的真空态，不是第一种穷光蛋A，而是第二种欠着全世界所有人的钱，而且自己兜里一分钱都没有的那个家伙B。真空态其实是所有的负能态全都填满，正能态全空着的状态。这样的话，电子就没法向下跌落。你要是敲打真空，敲出一个坑，负能态的位置空出来一个，那么看起来就像是个跟电子一样大、但是电荷相反的反粒子。普通的电子带的是负电，这个坑看起来就带正电。狄拉克预言了正电子的存在，后来他还预言了磁单极子的存在。泡利说狄拉克是先知，狄拉克还真有先知范儿。

经典力学描述宏观低速的世界，狭义相对论描述宏观高速的世界，量子力学描述微观低速的世界，量子场论描述的就是微观高速的世界。根据对应原理，前三者都应该是量子场论在不同情况下的近似，量子场论将成为量子力学之后的物理。海森堡和泡利也加入到量子场论的研究之中。

狄拉克和费米分别独自计算出了自旋半整数（如1/2）粒子的统计规律，称为费米-狄拉克统计。现在我们知道了两种统计了，一种是爱因斯坦-玻色统计，一种是费米-狄拉克统计。因此大家都把自旋半整数的粒子称为费米子，把自旋整数的粒子称为玻色子。

图12-4 康普顿、蒙克、埃卡特、密立根、霍伊特
海森堡、狄拉克、盖尔、洪特
（1929年，芝加哥）

到了1929年，海森堡和狄拉克两个人去美国大陆访问（图12-4），走了不少地方，后来一起去了夏威夷。海森堡这一路倒是蛮活跃的，但是狄拉克始终沉默寡言，也就蹦两句Yes or No，偶尔还会蹦出一句I don't know，到了夏威夷大学还被误认为是学生。这也难怪，两个人都很年轻而且还是娃娃脸，人家招呼他们俩听讲座，狄拉克蹦出来一个字：No!

俩人在船上玩儿得比较high，但是都避而不谈物理学。海森堡后来还特地避开跟狄拉克相同的课题。他对自己的学生说，英国那个狄拉克太厉害了，和他竞争基本上你就没指望了，惹不起还躲不起啊！

船到了日本，按计划他们两要到日本讲学，邀请他们俩的是日本物理学家仁科芳雄（图12-5）。这个仁科芳雄早年是长冈半太郎的学生，后来到欧洲求学，先后在英国剑桥大学、德国哥廷根大学、汉堡大学和丹麦的哥本哈根大学学习。他跟海森堡和狄拉克都认识，就把他们俩都请来了。台底下还坐着两位未来的诺贝尔奖得主汤川秀树和朝永振一郎，他们都是仁科芳雄带出来的。汤川秀树算是土鳖，没留过洋。朝永振一郎后来到欧洲求学，正好接受过海森堡的指导，算是海龟。我们后文要提到这两个人。

图12-5 左一仁科芳雄（1926年，哥本哈根）

看到出了名的物理学大腕儿居然还不到30岁，日本人顿时觉得压力山大。难道东方人不适合学习物理吗？长冈半太郎年轻时也有过这样的疑问，他拼命翻找包括《庄子》之类的中国古代典籍，看看是不是从文化上一开始就不适应科学思维。但是他发现，大家在起点上并没有多少差异，一些发现甚至还早于西方，他可算找回一点信心。看来东方人并没有输在起跑线上，东方人也是拥有成为优秀科学家的天赋的，剩下的就是方向对不对头，努力不努力了。

日本讲学结束以后，接下来的旅程，海森堡和狄拉克分道扬镳，海森堡取道苏联回德国，狄拉克去中国和印度，从海上回了英国。到了1930年，还有一场论战在等着他们呢，因为爱因斯坦和玻尔的争论还会卷土重来。

我们看到，一开始是海森堡冒出来，1925年提出矩阵力学。到了1926年，薛定谔冒出来了，搞出波动方程。接下来，1927年开了第5次索尔维会议（图12-6），大家讨论测不准原理。1928年显然属于狄拉克，他搞出了狄拉克方程。在两次索尔维会议之间，大致就是这个状态。在1928年，一个小男孩出生在了北爱尔兰的首府贝尔法斯特。这个男孩日后会向哥本哈根学派的不确定性原理发起挑战，他的不等式也成为检验爱因斯坦和玻尔辩论的裁判员。这是后话，放下不表。此时此刻，他最重要的事情是吃奶。

图12-6 1930年 索尔维会议合影

1930年，新一次索尔维又要开了，一大帮子物理学家又在深秋聚到了布鲁塞尔。这一次大会主席是朗之万，洛伦兹老爷子去世了，以前一直是他主持，这一回不得不换人了。上次爱因斯坦比较矜持，一直到最后才发言，这回他显得比较活跃。这三年，爱因斯坦一直在家憋大招，就等着这一天来找玻尔的麻烦。果然，会议开始没多久，爱因斯坦就蹦了起来，他走到黑板前面，画了一个实验装置的图（图12-7）。

图12-7 爱因斯坦光子箱

诸位请上眼，瞧一瞧看一看啦！这个实验装置将证明测不准原理是不靠谱的，完全可以测得准。爱因斯坦画的是啥呢？他画了一个方盒子，在一边有个小闸门，由一个机械钟控制，只要设定好时间就能自动打开闸门。盒子里面有辐射物质，会放出光子。爱因斯坦向大家解释这个思想实验的原理。海森堡玻尔他们提出的不确定性原理讲到，时间 Δt 和能量 ΔE 是不能同时测量准确的，测准了能量就测不准时间，测准了时间就测不准能量。想同时测准这两个值的确不方便，那好吧，我就分开测。比如，现在闸门是个很精确的机械钟控制。到时间就开，放出一个光子，那么 Δt 肯定是知道的，啥时候开闸门那是提前设定好的。飞出来一个光子，箱子质量就变轻了。这个箱子轻了多少，我们当然有办法测量出来，那么也就是说 ΔE 就可以通过 $E=mc^2$ 的公式算出来，那么 ΔE 和 Δt 就都测准了。也就是说，测不准原理是错的，明明有办法测准的嘛。

大家一听，有道理，所有人都回过头去看玻尔，该你了。玻尔脸色很难看，坐在那里发愣。玻尔万万没想到，爱因斯坦憋了三年，给他来了这么一手。大伙一看，这事要麻烦！爱因斯坦不愧是物理学界泰斗，一出手就是难题。当然，这次的大会主题是磁场，讨论不确定性纯粹是歪楼，但是玻尔一天都没精神，跟掉了魂似的。

爱因斯坦一天都挺开心的，反正难题出给玻尔了，看他怎么对付。他自己在房间里还摆弄起了小提琴。要说科学家会玩乐器的，那是不在少数。人家普朗克，钢琴、大提琴、管风琴不在话下，唱歌也不错，还为轻歌剧作曲。普朗克上大学的时候还在为学音乐还是学物理而犹豫，最后选了学物理。海森堡钢琴弹得特别棒，他曾经在船上给狄拉克表演过钢琴，还问狄拉克喜欢听哪一首，哪知道狄拉克回答，喜欢听他双手交叉弹的那一首。说白了，狄拉克对曲目没兴趣，他一直盯着海森堡的手上动作。狄拉克平常没什么兴趣爱好，大家都觉得他是个木头人。勉强算得上爱好的是看电影，喜欢看迪士尼的米老鼠动画片。爱因斯坦喜欢拉小提琴。有人传说他拉琴像锯木头，倒没那么夸张，水平比较业余是真的。反正他这天高兴，拉就拉了，不管拉得好坏，玻尔听见肯定能烦死。他们俩的房间正好上下楼，脚步声都听得见。爱因斯坦心中暗爽，玻尔肯定失眠了，脚步声一直没停，还在屋子里来回遛呢。

图12-8 玻尔改进版的光子箱

第二天，爱因斯坦完全出乎意料，玻尔精神抖擞。爱因斯坦心里嘀咕，这家伙是不是想出啥破解之道了？果然，玻尔也上台画了个图（图12-8），跟昨天爱因斯坦画的图差不多，也是一个方盒子，边上开个闸门，由一个机械钟控制。跟爱因斯坦的图片不一样的是，盒子摆在一个弹簧秤上边。爱因斯坦你不是说可以测量盒子质量的变化来计算飞出去的那个光子的质量吗？不能空口说白话啊，总要有测量工具吧。我给你画个弹簧秤，这总是合理的吧。这其实蛮符合玻尔的思路，在微观世界里，测量方式至关重要。

好了，我们来看，钟控制了闸门开合。闸门一开，光子飞出来了，箱子就瞬间变轻。盒子挂在弹簧秤上，钟挂在盒子上，是一体的。整个盒子带钟重量一变轻，弹簧秤的弹簧就收缩了，拉着盒子就往上一飘。别小看这移动，在此过程中，根据爱因斯坦相对论，箱子在地球引力场里面移动，会产生红移，时间会变慢，箱子上那个表的读数就会变慢。这个大家可能不太理解，不过我们现在有非常精确的原子钟，完全可以观测到这个现象。在地上放两个钟，彼此校准，这两个钟是完全对得上的。然后把一个钟搬到100米的高塔上，另一个还是放在地上，大家惊奇地发现，两个钟走得不一样了，一个快一个慢。根据爱因斯坦的广义相对论，引力场会对时间造成影响。高塔上离地心更远，引力场比地面上稍微弱了一点点。人站在地面上，头顶受到的引力就比脚底要小一点儿，大约是三滴水的差异。

按照玻尔的计算，一个光子飞出箱子的一瞬，箱子一轻，就被弹簧秤的弹簧往上一拽，在拽的过程中时间变了，那么把这个变化考虑进去，测不准原理就是正确的。

这回轮到爱因斯坦魂不守舍了，这实在是太出乎意料了。爱因斯坦憋了三年憋出来的大招让玻尔一晚上给破解了，而且还漂亮地玩了一招以其人之道还治其人之身（图12-9）。相对论、引力红移那是爱因斯坦最得意的理论，万万没想到在这方面出了纰漏，他不得不承认，玻尔在逻辑上是自洽的，完全说得通。玻尔其实心里打鼓，他可不保证这个说法一定不存在漏洞，他只是憋了一个晚上。反正，爱因斯坦是认输了，这次打嘴仗又没能打败玻尔，自己还吃了个闷亏。爱因斯坦一直觉得，目前看来测不准这事是有的，但是这只是表象，背后一定有个我们还不知道的东西在操纵这一切。这东西到底是啥呢？到底怎么才能证明呢？他拍屁股走人，憋大招去了。

图12-9 爱因斯坦和玻尔在一起

1930年的索尔维会议，玻尔又胜了。这一回玻尔胜得比较惊险，爱因斯坦憋了三年放的大招，他凭着自己的物理直觉短时间内化解了。就好比足球场上的点球大战，爱因斯坦操刀罚球，他有时间慢慢选择往哪儿踢，但是玻尔没时间，他只有等爱因斯坦踢出球的一瞬间才开始反应，却成功扑出了点球。你别说，早年间玻尔还真是绿茵场上的守门员，但是他满脑子都在想物理，足球到了面前都视而不见。别看玻尔踢球时反应好像有点迟钝，但是他和爱因斯坦辩论就没输过。

爱因斯坦在年底受邀去美国讲学，并接受了纽约市长的金钥匙。爱因斯坦已经是世界名人了，不管到哪都极受欢迎。这时他已经年过半百，岁月不饶人，已经过了学术的巅峰期。有人说，假如1925年之后爱因斯坦去钓鱼，物理学界也没啥损失。其实这么说是对事物理解不够透彻，人随着年龄增长、社会地位的升高，在历史进程中扮演的角色是不一样的。爱因斯坦早年是一个锐意进取的物理学创新开拓者，但是岁数大了，他显然不能够继续胜任这样的角色。

上个世纪初，普遍是年轻人在打天下。爱因斯坦提出狭义相对论的时候才25岁。泡利、海森堡、狄拉克这一帮子，包括费米、朗道等都是年轻人。长江后浪推前浪，前浪拍在沙滩上。人到中年，都会逐渐开始转换角色。玻尔的角色是当一个好老师、好领导，哥本哈根理论物理研究所就是一个避风港和栖息地，这里前后培养了600多人。爱因斯坦倒是没这个本事带一大帮子学生，但是他开始不自觉地扮演磨刀石的角色。磨刀石并不是刀的敌人，只会把刀变得更加锋利。到了1935年，他跟波多尔斯基和罗森一起提出了EPR佯谬，算是反将了玻尔一军。薛定谔见到这篇论文之后，一个词脱口而出，"量子纠缠"。这个词到现在都是热门话题。这是后话，暂时不表。

本书基本上是按照时间线索讲述的。20世纪20年代末到30年代初，研究理论的物理学家主要在纠结这个不确定性原理，毕竟这玩意太过于离经叛道。但是实验物理这边也没闲着。大家都对原子核的内部结构非常感兴趣。说到实验方面，那不得不提居里家族。

居里家族的第一代是皮埃尔·居里和玛丽·居里夫妇，他们俩在放射性领域做出了非常杰出的贡献。居里夫人还获得了两次诺贝尔奖的殊荣。但是他们家有个毛病，那就是只顾低头拉车，不顾抬头看路。他们只管闷头做实验，但是经常错过对实验意义的深入思考。不然居里家族弄不好能抱回一筐诺贝尔奖。话还要从居里夫人的女儿伊雷娜说起。

图12-10 约里奥-居里夫妇

要说这个伊雷娜，那是深受父母熏陶，人家6岁的时候就得到一个大玩具——英国皇家学会的金质奖章。她老妈没地方放，索性给小伊雷娜当玩具了。长大以后，她也立志向母亲看齐，搞起了科学研究。在母亲的研究所里遇到了她的白马王子，居里夫人放射性协会的一个助手，他叫约里奥。1926年他们结婚，为了让居里这个伟大的姓氏传下去，他们把自己的姓氏加在了一起，成为约里奥-居里（图12-10）。伊雷娜·约里奥-居里和让·弗雷德里克·约里奥-居里也都是研究放射性的。他们俩的相识就是在居里夫人的放射性学会嘛！

那时候，德国的博特做了一个实验，就是用 α 粒子去轰击金属铍，发现有一种中性不带电的射线发出来。博特认为这东西就是伽马射线！我们知道原子核里面发出的辐射有三种：一种带正电的 α 射线，一种带负电的 β 射线，一种不带电的 γ 射线。带正电的是氦的原子核，带负电的就是电子，不带电的其实就是高能的光子，频率非常高，波长非常短。博特认为，这不带电的射线就是 γ 射线，没啥新鲜的。

约里奥-居里夫妇也重复了博特的实验，他们也观测到这股中性的射线了。他们让这股中性的射线去照射石蜡，看看石蜡是不是能把这种射线吸收，惊奇地发现，辐射未被吸收，反而加强了。这是怎么回事呢？

居里家族重蹈覆辙，又一次与重大发现失之交臂。经过查德威克的仔细分析，原来这股中性射线并不是过去预计的 γ 射线，而是一种中性粒子，中子被发现了。

13. 薛定谔不懂薛定谔方程

图13-1 被烧毁的国会大厦

1933年2月份，柏林的国会大厦燃起了熊熊大火（图13-1）。希特勒以此为借口，要求总统兴登堡颁布《保护人民和国家的总统法令》，今后什么事就是他自己说了算了，不用跟别人商量，想抓谁就抓谁。

3月底，德国政府宣布，3月的最后一天是"民族联合抵抗日"，这是针对犹太人的。隔天，薛定谔恰好看到了震惊的一幕，他搬到柏林好几年了，从来没见到这样的情景。一群五大三粗的纳粹党徒挡在店铺门口禁止人们出入（图13-2），店主被他们推来搡去，街上到处悬挂着标语，"世界各地犹太人正在企图扼杀新德国"、"德国人民，你要自卫！不要买犹太人的东西"。

图13-2 纳粹查封店铺

前些天希特勒还说这是民众的自发行为，把自己推了个干干净净，戈培尔晚上就发表讲话痛骂犹太人，大家心里都明白到底是谁在幕后指使。戈培尔说，抵制犹太人运动是暂时的，一切会好起来的……

戈培尔说的话能信吗？难道真的要听上一千遍才能发觉谎言吗？薛定谔一遍都不想再听了，他无论从哪方面讲，都与犹太人没什么瓜葛。1927年，他接了普朗克的班，来到柏林大学当物理系主任。尽管这个教职来之不易，地位也很高，薛定谔也曾经留恋过，但是现在该做决定了，现在的德国已经让他一天都不能忍受，他决定辞职。

正好英国的弗雷德里克·亚历山大·林德曼教授到访柏林，他制定了一份名单，开列的都是处境不妙的犹太科学家，趁此机会邀请他们离开德国，再晚恐怕就走不了了。当薛定谔提出要走的时候，林德曼教授吃了一惊，因为薛定谔没有遭到迫害，放弃高薪去外国当临时工，这是难以想象的。可是薛定谔去意已决，最后去了英国的牛津大学。

薛定谔并不是犹太人，可他走了。泡利是犹太人，尽管他父母是天主教徒，但是犹太人的血统改不了。好在他在瑞士，暂时没事。他1935年跑到美国去了。爱因斯坦是犹太人，去年还发表声明痛骂纳粹，号召人们保卫《魏玛宪法》，纳粹当然不会放过他。1933年，他在柏林的家被抄了，财产全部充公，所有的书籍手稿被付之一炬，纳粹还悬赏10万马克要他的人头。当时爱因斯坦正在普林斯顿，他一听说这事，立马加入了美国国籍。他先前获得过瑞士国籍，因此具有双重国籍。当然啦，这一年的索尔维会议他就没参加，玻尔也就没能再次跟爱因斯坦交锋。

爱因斯坦初到美国，英语还不是太熟练，因此需要个助手来帮忙，有个年轻人就担任了这个工作，这人叫罗森。后来罗森和爱因斯坦一起搞了好几项研究，后文还要提到他。

玻恩老师作为犹太人也是躲不过去的，他被停职了，不得不去了英国的剑桥大学。那时候德国虽然不待见犹太人，也还没下杀手斩尽杀绝，只是把他们赶走了事。以后犹太人再想走，就势比登天了。

海森堡呢？他可是正宗的德国人，按照纳粹的学说，是"纯雅利安人"。别提了，他被人骂得很惨。谁骂他？1919年诺贝尔物理学奖的得主斯塔克。他警告说，最近海森堡自甘堕落，简直是被犹太人的物理学给包围了。玻恩老师是犹太人，师兄泡利是犹太人，偶像爱因斯坦是犹太人，海森堡简直是个雅利安皮的犹太人。相对论和量子力学都是犹太人的阴谋，他必须跟犹太人的物理学一刀两断。更让海森堡难过的是，师弟约旦居然也是个狂热的纳粹分子。

图13-3 俄罗斯第一位获得诺贝尔文学奖的伊万·蒲宁，获得物理学奖的薛定谔、狄拉克、海森堡

虽然海森堡遭到围攻，但还是能碰上高兴的事。1933年，诺贝尔奖委员会决定，把1932年的诺贝尔物理学奖颁发给海森堡，表彰他在量子力学方面的开创性贡献。诺贝尔奖果然是经常跳票，这次又是延期颁发。同时决定，1933年的诺贝尔物理学奖颁发给薛定谔和狄拉克。量子力学的三个主要奠基人皆大欢喜，一起拿了诺贝尔奖（图13-3）。海森堡就是德国培养出来的标准的好孩子，他还有点儿纠结，要是薛定谔不拿奖，他心里过意不去。一听说薛定谔和狄拉克分享1933年的诺贝尔物理学奖，他可算松了口气。遥想当年，玻尔对爱因斯坦也抱着类似的忐忑心情，若干年后又发生在了海森堡的身上。

狄拉克沉默寡言，不善交际，一想到要去斯德哥尔摩领奖，一想到要在大庭广众之下发表讲话，他心里就打鼓。他怯生生地问卢瑟福，诺贝尔奖能不能不去拿？这要是一拿，我就出名了。出名这事我承受不起啊！又要上报纸，又要讲话，我不喜欢抛头露面。卢瑟福哭笑不得，这娃娃胆子小啊！这么大人了，还这么腼腆。卢瑟福只好开导他，你要是不去领奖，会变得更加出名，新闻界会盯着你没完没了的。狄拉克一想，可不是嘛！伸头是一刀，缩头也是一刀，算了，还是乖乖去斯德哥尔摩领奖吧。

德国这边闹得鸡飞狗跳，别的国家也被经济危机困扰着，毕竟世界范围内的年景都不太好。但有个国家是个例外，那就是苏联。苏联第一个五年计划胜利结束，1933年开始了第二个五年计划。和大萧条的凄风苦雨相比，苏联简直是阳光灿烂。大批高素质的外国工人和专家来到苏联，就连福特汽车也到苏联投资建厂。苏联挤出不多的外汇，送大批青年才俊出国深造，这批人才也成了工业发展的中坚力量。苏联从农业国变成了工业国。但是，难以预料的是，一场大清洗就要开始了，1934年还是小范围内的，后面几年搞得风声鹤唳，人人自危。

1934年，在剑桥大学卡文迪许实验室工作学习的卡皮查回国探亲。他以前也经常回国探亲，每次都是来去自如。但这一次回到苏联再也出不去了，他必须留在苏联工作。老师卢瑟福非常喜欢这个学生，他觉得苏联没有相应的实验条件和设备，卡皮查的才能是发挥不出来的，这样下去要埋没人才。趁着西方跟苏联关系缓和，卢瑟福把卡皮查在剑桥用的实验设备打包运到了苏联，可见老师多器重这个学生。当然苏联也象征性地给了点儿钱，算是半卖半送。

法国人这边儿也没闲着，法国领衔的就是劳模居里家族。1933年，约里奥－居里在索尔维会议上做报告，他说某些物质在 α 粒子轰击下会发射出正电子连续谱。

正电子是美国的安德森1932年用威尔逊云室发现的。他跟密立根打赌，宇宙射线是带电粒子构成的，在强磁场里会拐弯。他利用云室来观测粒子的路径，果然发现宇宙射线在磁场里面拐弯了（图13-4）。有一种粒子的拐弯半径与电子类似，也就说明质量和电子差不多，拐弯方向却相反，那说明带的电是相反的。狄拉克预言的正电子被发现了。

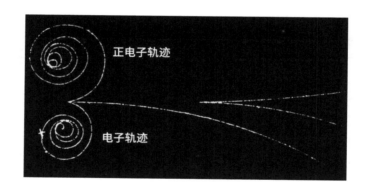

图13-4 正电子轨迹

1933年，安德森又用 γ 射线轰击方法产生了正电子，从实验上完全证实了正电子的存在。约里奥－居里夫妇先前也看到过了正电子的踪迹，但是这两位没认出来，遗憾地把发现正电子的功劳拱手让给了安德森。只管低头拉车，不管抬头看路是居里家族的传统，从老妈遗传到女儿。不过安德森也不是第一个见到正反物质湮灭的人，第一个人是中国人赵忠尧，他第一个观察到了正负电子的湮灭，安德森就是受了赵忠尧的启发，他的办公室恰好在赵忠尧的隔壁。诺贝尔奖委员会已经在讨论是不是把诺贝尔奖给赵忠尧，最后因有人质疑，赵忠尧与诺贝尔奖失之交臂。

那么，在α粒子轰击下发射出正电子连续谱又是怎么回事呢。约里奥-居里夫妇发现用钋产生的α粒子轰击铝箔时，若将放射源拿走，正电子的发射也不会立即停止。铝箔保持放射性，辐射像一般放射性元素那样以指数律衰减。它们发射出中子和正电子，最终生成放射性磷。约里奥-居里夫妇通过实验证明了人工放射性的存在，普通的不带放射性的物质，经过辐射照射，也是可以变成放射性物质的。

他们俩于1934年1月19日得出结论，并向《自然》杂志写了一则通信。元素的放射性是可以制造出来的。那么可以不可以大规模地制造放射性元素呢？这个问题还是以后让意大利人费米去回答吧，20世纪40年代初，费米就在鼓捣这事，不过那是一个庞大的科学工程，参与者包括一大堆诺奖得主。不过这是后话了，此处按下不表。约里奥-居里夫妇能有这样的贡献，离不开老妈老居里夫人的支持。不幸的是，这一年夏天居里夫人去世了，享年67岁。医生发现她得了严重的白血病，这是因为居里夫人一生都在跟放射性物质打交道。全世界都在悼念这位伟大的女科学家。一位女性在那个年代，能够获得两次诺贝尔奖是非常罕见的，她做出的巨大贡献那是有目共睹的。爱因斯坦评价道："在我认识的所有著名人物里面，居里夫人是唯一不为盛名所颠倒的人。"

图13-5 1935年12月10日 斯德哥尔摩市政厅金色大厅
左起：詹姆斯·查德威克、约里奥-居里夫妇、汉斯·斯佩曼

1935年，诺贝尔化学奖颁发给了约里奥-居里夫妇（图13-5），表彰他们在人工放射性方面的工作。这两个劳模可算是熬出头了。伊雷娜站在颁奖大厅里，不由得想起24年前，14岁的她陪伴母亲来接受诺贝尔化学奖的情景，没想到今天在同一地点，自己也获得了相同的荣誉。伊雷娜的妹夫后来以总干事的身份代表联合国儿童基金会领取了瑞典国王于1965年授予该组织的诺贝尔和平奖。他们家族与诺贝尔奖有着不解之缘，居里家族真是了不起的家族。

科学家没有停歇，他们开始了进一步的探索。人类在自然界中找到的最重的元素就是铀，现在既然可以人工改变原子核，那么是不是可以人为制造出比铀更重的新元素呢？费米带着学生和助手用中子照射铀，企图使铀核俘获中子，再经过β衰变得到原子序数为93或更高的超铀元素，这引起了不少化学家的关注。从1934年到1938年，大批实验物理的高手都在做这个实验。德国威廉皇帝化学研究所的哈恩和助手斯特拉斯曼也在做这方面的研究，他们还有一个合作者，就是女科学家莉泽·迈特纳（图13-6）。

图13-6 哈恩和莉泽·迈特纳

按传统，女性根本不许进入威廉皇帝化学研究所，理由是以免她们"头发着火"。好在莉泽·迈特纳有贵人相助，1902年获得诺贝尔奖的埃米尔·费歇尔帮助她找了个变通的办法，在主楼外面的工作间里面给她安排了位置。那是个装满辐射检测仪器的工作间，环境很差。由于对女性不公平，她还是没能进研究所大楼工作，人在屋檐下，不得不低头啊。

哈恩他们几个开始用辐射来轰击铀元素。α射线里面是含有质子的，用这个东西去砸原子核，万一个把质子粘在原子核上，原子序数不就变大了嘛！92号元素铀的原子核要是粘上个把质子，不就变成93号元素了吗！想得倒挺美，可惜不行。质子是带正电的，遇到原子核会排斥。费米他们用的是中子，要是砸过去，原子核粘上个把中子，这个中子发生β衰变，放出一个电子和反电子中微子，还剩下一个质子挂在原子核上边，那不就造出93号元素了吗？哈恩他们也改用中子，砸来砸去，谁都见不到更重的元素，这一砸就是好多年。约里奥-居里夫妇也是这么砸的，那年头砸原子核的科学家大有人在。有人自称搞出来了，大家定睛一看，原来是谎报军情！

爱因斯坦不管这些实验方面的事，他正拉着罗森和波多尔斯基一起写文章。他们要写一篇质疑量子力学完备性的文章，题目叫作《能认为量子力学对物理实在的描述是完备的吗？》，这个问题以三个人的名字首字母来命名，叫作EPR问题。E代表爱因斯坦，P代表波多尔斯基，R代表罗森。远在欧洲的薛定谔看到这篇论文以后，一个词脱口而出——"量子纠缠"。

文章主要质疑量子力学的完备性，讨论的不是一个量子的不确定性问题，而是多个量子的不确定性，根据哥本哈根学派说，你要是对量子不做观测，那么量子的状态就没法决定，量子就处于叠加态。好，我们仨发现一种极为特殊的情况，两个粒子纠缠在一起，两个叠加态掺和着来，看你怎么收拾。

这是怎样一种状态呢？爱因斯坦他们三个写得太过复杂。后来物理学家玻姆搞了个简化版本。我们来大概描述一下。比如一个不太稳定的粒子刚好发生了衰变，分解成了两个粒子，那么为了保持动量守恒，分解的这两个粒子一定是往两个方向走的。一个往东另一个必定往西，一个往南另一个必定往北。为啥呢？原先的那个大粒子假设是不动的，我们死盯着它，在我们看来这个大粒子的动量就是0，不动嘛，动量当然是0。即便它衰变了，啪的一声分解成了两个粒子，那么还是要维持动量守恒状态啊。分解成了两个以后，运动的方向必定相反，才能动量抵消，维持动量守恒。因此你要是在北边抓到一个，另一个必定是往南去了。同样的道理，角动量也要守恒，你要是抓到一个，一测量，自旋是正转，那么另一个必定是反转的，不然就不守恒了。

可是按照哥本哈根学派的意思，没测量之前一切都没决定，一切都是叠加态。好了，也就是说，这两个粒子在测量之前，根本就没决定谁是正转谁是反转，都处于叠加态，就等着你来观测。你抓住一个一看，这个粒子就决定下来了。比方说是正转的，那么就在此时此刻，另一个粒子不管距离多远都会立即决定是反转。反正这两个家伙必须是相反的，为了维持角动量守恒。那好，假如是你观测的那一瞬间才决定的，那么另一个粒子也需要在同一时刻决定下来。不管距离有多远，哪怕远在宇宙另一端，也会立即响应，术语叫波函数坍缩（图13-7）。在爱因斯坦他们看来，这事太诡异了。要知道本宇宙的信息传播速度上限就是光速，这两个粒子为什么能够不需要时间就能完成协同一致的步调呢？

未测量之前，自旋不确定，处于叠加态

对一个粒子进行测量，两个粒子立刻同时决定下来，不论相隔多远

图13-7

爱因斯坦他们三个以及后来的玻姆都觉得这是不可能的，背后一定有个我们还不知道的东西在捣鬼，他们管这个东西叫作隐变量。这就是所谓的隐变量理论。

　　泡利看到这篇文章以后，火气立刻上来了，他觉得爱因斯坦还是脑子转不过弯来，怎么就跟哥本哈根解释过不去呢？怎么就老觉得量子力学不完备呢？对于爱因斯坦提出来的这个东西，他觉得没啥可大惊小怪的。他怂恿师弟海森堡写文章反驳，海森堡也觉得爱因斯坦说得不对。他写了个草稿，还没发表，玻尔已经发文章反驳爱因斯坦了。海森堡一看中军主将出手了，他就不用往前冲了，他的草稿就没发表。

　　玻尔非常老道，他发现EPR论题相当奥妙，需要周详的思考，他立刻放下手里所有其他工作，专心研究EPR论题，同年7月完成反驳论文。玻尔一眼就看出了其中的问题，爱因斯坦他们几个对于这件事的描述是靠谱的，也就是说这种两个粒子纠缠在一起不能分割的推导是没有问题的。在玻尔看来就是这么回事，没有啥可大惊小怪的，关键问题是爱因斯坦的哲学观念还是经典的观念，即一切都是确定的，他不能接受哥本哈根学派的几率解释。因此玻尔也写了一篇论文来回击爱因斯坦。最可气的是，玻尔直接拿了爱因斯坦文章的题目，说白了他们俩写的论文题目完全一样，也叫《能认为量子力学对物理实在的描述是完全的吗？》。玻尔在文章中给出的答案当然是肯定的，量子力学就是完备的。爱因斯坦的思路完全是经典的，总认为有一个离开观测手段而存在的实在世界。这个世界图像和玻尔代表的哥本哈根派的"观测手段影响结果"的观点完全不一致。玻尔认为，微观的实在世界，只有和观测手段连起来讲才有意义。在观测之前并不存在两个客观独立的粒子，只有波函数描述的一个互相关联的整体。既然只是协调相关的一体，它们之间无须传递什么信号！因此，EPR佯谬只不过是表明了两派哲学观的差别：爱因斯坦的"经典局域实在观"和玻尔一派的"量子非局域实在观"的根本区别。

　　爱因斯坦当然不接受这种说法，玻尔根本没法说服他。这两个人一旦牵扯到哲学，那基本上属于鸡同鸭讲，互相不买账。爱因斯坦给薛定谔写了信，这俩人是一伙的。薛定谔正在英国，他一看爱因斯坦的EPR佯谬，立刻挑大拇指称赞，姜不愧是老的辣，这么绝妙的东西都能被你给想出来，你真是太牛啦。薛定谔给它起了个名字叫"量子纠缠"。

薛定谔一看爱因斯坦出手还压不住哥本哈根学派。人家哥本哈根学派的基本观点是，微观世界的事跟宏观世界不是一回事。微观世界遵循的就是这种不确定性的规律。薛定谔说，好，我给你们找点儿麻烦，他洋洋洒洒地写了一大篇东西叫作《量子力学的现状》，听名字就有点儿来者不善的意思。他在第五章里面描述了一个思想实验。薛定谔把微观世界的问题拿到宏观世界来，设想了一只叠加态的猫（图13-8）。也不知道猫什么时候得罪他了，他非要拿猫来做实验。

图13-8 薛定谔的猫

薛定谔是这么描述的，把一只猫放进一个封闭的盒子里，然后把这个盒子连接一个装置，其中包含一个原子核和毒气设施。设想这个原子核有50%的可能性发生衰变，衰变时发射出一个粒子，这个粒子将会触发毒气设施，从而杀死这只猫。根据量子力学的原理，未进行观察时，这个原子核处于已衰变和未衰变的叠加态，因此，那只可怜的猫就应该相应地处于"死"和"活"的叠加态。非死非活，又死又活，状态不确定，直到有人打开盒子观测它。

总之，薛定谔的意思就是恶心一下哥本哈根学派的那几位。看吧，如果你们将波函数解释成粒子的概率波的话，就会导致一只既死又活的猫的荒谬结论。后来霍金听说这个思想实验的时候十分气愤，他说："当我听说薛定谔的猫的时候，我就想跑去拿枪，一枪把猫打死！"猫招谁惹谁了？

这说明，哪怕是受过专业训练的物理学家，在接受这种量子的不确定性观念的时候，仍然很艰难，因为这种东西太过离经叛道了，即便是薛定谔和爱因斯坦这种大家也想不开。波函数可是薛定谔先搞出来的，薛定谔对波函数坍缩不理解。也难怪有后人评价，薛定谔不懂薛定谔方程。

不管怎么说，两派意见谁也说服不了对方。不过哥本哈根学派的朋友圈越来越大了，粉丝越来越多，这是不争的事实。如何检验双方的说法是个难题，当时也没有合适的技术手段，况且大家还有更重要的事情去操心，那就是赶快跑路要紧。德国大学里大约四分之一的物理学教授都跑了。纳粹统治之下，2600多位学者离开了德国。不过纳粹不在乎，跑就跑了，人家自诩是优秀人种，不屑与犹太人为伍。

海森堡承受的压力不小，有人指责他离犹太人的物理学太近了。纳粹也盯上了海森堡，那帮子犹太科学家都跑路了，他还在教授犹太物理学，能不盯上他吗？海森堡都没注意到这些，他本来就是正宗的德国人，又没啥把柄抓在纳粹手里。海森堡的注意力也不在这方面，因为他谈恋爱了，女朋友比他小14岁，是莱比锡大学的学生，基本属于师生恋。海森堡正沉浸在浪漫的风花雪月之中，幸福着他的幸福，哪知道祸事从天而降。

海森堡被纳粹给抓起来了，希姆莱亲自审问他。党卫队领袖自然一无所获，海森堡不过就是个大学教授，行为举止也是标准的德国好青年，实在没有多少把柄可抓，无外乎老师和师兄弟们都是犹太人罢了。最后还是海森堡母亲七拐八弯地找关系，跟希姆莱套近乎疏通，希姆莱才放人。即便放出来了，海森堡也还要监视居住，党卫军还是不放心。

海森堡倒是满不在乎，1937年，海森堡结婚了，第二年妻子给他添了一对双胞胎（图13-9）。泡利还写信祝贺，海森堡那是相当的高兴。

图13-9 海森堡的家庭

　　海森堡高兴，有人可高兴不起来了。谁啊？朗道。朗道1931年回了苏联，他要为祖国服务。一开始他在圣彼得堡，后来跟领导不和，他那个脾气就不会少得罪人，后来落脚在了乌克兰的哈尔科夫。在哈尔科夫时，朗道开始计划写一部理论物理学的巨著，和他的学生栗弗席兹合作完成了多卷本《理论物理学教程》。栗弗席兹动笔，朗道构思，两个人配合。可是没多久，朗道又和领导吵了一架，一甩手离开了哈尔科夫，来到了莫斯科投奔卡皮查。

　　莫斯科有师兄卡皮查罩着，人家是物理研究所所长。鉴于朗道超强的号召力，一帮子学生、助手全来了莫斯科。这一时期，斯大林的大清洗愈演愈烈，搞得上下人人自危。朗道是聪明人，也感到形势不妙，他的应对之策是给自己刷声望，努力搞出国际影响。前不久，查德威克刚刚发现了中子，朗道立刻判断可能存在一个完全由中子构成的天体，这东西不就是个超大的原子核嘛！他洋洋洒洒地写了一大篇，寄给了玻尔，请玻尔推荐给《自然》杂志（图13-10）。

　　那时候苏联执行书信检查制度。朗道自然不能秉笔直书，而是七拐八弯有话不直说。他希望玻尔给他把事吹大。玻尔一看信就明白了，立刻写了一封回信，把朗道夸得跟朵花儿似的。《苏联消息报》也很卖力气，就把玻尔的信和朗道的成就给大篇幅报道出来了。朗道的名气一下子就大起来了。朗道是个物理学全才，在各方面都有建树。他最后悔的是自己晚出生了几年，量子力学的创立期没赶上，要是他赶上，那就没别人的份儿了。卡皮查是领导，也显得很有面子，毕竟自己手下的科学家干得不错。哪知道到了第二年的五一节前夕，4月28号，一辆黑色轿车停在了朗道家门口，朗道被苏联内务部的人抓走了。

图13-10 玻尔和朗道

朗道被抓，可把卡皮查给愁坏了。一个物理学家招谁惹谁了，那些内务人民委员部的人是好惹的吗？那年头正是大清洗最恐怖的时期，好多人被抓走再也没回来，活不见人，死不见尸。卡皮查开始上下奔走，找各路领导去求爷爷告奶奶，甚至直接给斯大林写信，去见莫洛托夫，去见米高扬，最后找到贝利亚，各路菩萨都拜了一个遍，求他们把朗道给放出来。一介书生能干出啥大逆不道的事？八成是有人借机诬陷，冤枉！朗道冤啊……

卡皮查最后给斯大林写信，以自己阖家性命担保朗道，他说刚刚发现了一种极为特殊的现象叫作"超流"，这事非朗道不行，别人玩不转。而且话里话外还暗示，你要不把朗道放了，我们这帮子科学家的心可就都凉了，就不跟你合作了。斯大林对于文科生那是从来不客气，但是对理工科人才有所顾忌。可以不看小说不听音乐，但是工厂不能停工，还要拼命地造飞机大炮，要准备打仗呢！苏联旁边可是趴着个纳粹德国，希特勒和斯大林相互之间就没信任过。

为朗道奔走的科学家还不止卡皮查一个，玻尔也给斯大林写了信，内外双重压力之下，斯大林不得不有所考量。最后，朗道被关了一年，放出来的时候已经没人形了，被折磨得很惨。他特别感激卡皮查，要不是人家拿阖家性命担保，他恐怕小命不保。朗道果真是天才，尽管在监狱里关押不得自由，但是没人能阻碍他的思想纵横驰骋，脑子里已经存好了几篇论文，复制出来就可以发表，连公式计算都已经在脑子里搞定了。朗道一出手，果然很厉害，马上为超流现象整理出了理论框架。

所谓超流现象就是极低温度下的液氦表现出来的反常流动性。比如可以沿着0.1微米的毛细管流动，完全没有黏性，阻力非常小。你拿个圆盘放到液氦里面转动，也是几乎没有任何阻力，这种现象是普通的流体完全没有的。液氦还具有极好的导热性，热导率为室温下铜的800倍。这些现象虽然是宏观现象，但是归根到底需要到量子水平上找原因，背后的根子就是前文讲到过的"自旋"。由于玻色-爱因斯坦凝聚，氦原子形成一个"抱团很紧"的集体，超流正是这种抱团现象的具体表现。这门学科叫作凝聚态物理，朗道是这方面的泰山北斗。

后来朗道在苏联获得了崇高的荣誉，成了苏联物理学界的旗帜。一直到苏联解体，大批档案材料公布，大家才发现，当年朗道被抓不是因为得罪了人被人诬告，他的确和一帮子学者搞了几千份反斯大林的传单打算五一劳动节上街散发，安全部门已经盯了他们好久了，在他们付诸行动之前把他们全部拿下。卡皮查当时不知道，要不然怎么敢用身家性命打包票担保朗道呢？至于档案的真实性，那就很难判断了，进了内务人民委员部，什么样的口供搞不出来呢？

14.科学家逃离德意志

1938年，欧洲变得像火药桶一样，充满了各种危机，犹太人的处境越来越难。玻尔到德国访问，正好碰上了莉泽·迈特纳（图14-1），她有部分犹太血统，她与哈恩合作了好多年，大家关系都很融洽。玻尔很隐晦地问了她一句，走不走？莉泽·迈特纳立即表示要离开。玻尔心领神会，回去就发邀请函。莉泽·迈特纳便准备离开德国，随身只带了两个小箱子，现金只有10马克。当时外汇兑换是受到严格管制的，别说没钱，有钱也很难带出去。

图14-1 莉泽·迈特纳

现金很难携带，可老百姓总有自己的办法。哈恩的母亲送给莉泽·迈特纳一个钻戒，让她以备不时之需。老太太想得挺周到，也可见哈恩一家对莉泽·迈特纳很照顾。8月份，莉泽·迈特纳到了挪威，可算松了一口气。她后来到了瑞典，在诺贝尔研究所找到一个工作，虽然上司对她不好，工作条件比柏林要差得多，好在没有性命之忧。

莉泽·迈特纳的外甥弗里施本来在哥本哈根的玻尔那里工作，正好到斯德哥尔摩来度假，自然要来看看姨妈。姨妈刚收到的一封信激起了弗里施的兴趣。因为哈恩在信里描述了一种以前没遇到过的情况。原子核发出 α 射线的话，原子核就会扔出两个质子两个中子，α 粒子就是氦元素的原子核。放射性元素就会变成另外的元素，在元素周期表里面降两格。这个大家都司空见惯了。元素是以质子数为依据的，扔出两个质子两个中子，当然会在元素周期表里降两格。

哈恩他们在拿中子轰击原子核，原本巴望着万一原子核粘上一个中子，这个中子发生衰变，变成了质子，那么原子核不就多了一个质子吗！那么在元素周期表里面就会升一格。反正不论是 α 衰变也好，被中子轰击粘上一个也罢，原子序数都是小范围波动，不会有太大范围的变化。比如，铀元素的原子序数是92，最后衰变成铅，原子序数82，扔出8个 α 粒子和6个 β 粒子。法国的伊雷娜·约里奥-居里和南斯拉夫的萨维奇发现，里面有一种半衰期为3.5小时的元素。他们觉得，这不就是铀元素在周期表里的那个叫"锕"的邻居吗？他们想把这种元素分离出来，但是失败了。哈恩和助手斯特拉斯曼发现，用慢中子轰击铀原子核，产生的物质里面居然发现了钡元素。钡元素的序号是56，离铀元素的序号92差得太远了，同时还伴随着大量热量的释放，用现有的理论是不可能解释这种现象的，这到底是怎么回事？

莉泽·迈特纳看了哈恩的来信，觉得非常兴奋，她和哈恩当年预言的事出现了。外甥弗里施也是物理学高手，一老一少一起合作，写了一篇论文，描述了一种前所未闻的现象，叫作"核裂变"。论文篇幅很短，一页纸的样子，里面清楚地描述了钡元素的由来。这么轻的元素从哪儿来的？很简单，铀的原子核被打碎了，打成了两半，92号元素打碎了变成56号元素，差不多就是腰斩嘛。1939年1月，这篇论文发表在了《自然》杂志上。7年之后，大家将亲眼见识到核裂变有多大作用。玻尔看到这个成就，已经是在去美国的船上了。他到了美国以后，和约翰·惠勒一起搞出了液滴模型，用来解释核裂变背后的原理，核裂变成了大热门。

就在1938年的11月，希特勒发动了水晶之夜（图14-2），犹太人的店铺都被砸得粉碎。当太阳升起，橱窗的碎玻璃洒满了城里的街道，在阳光下显得格外刺眼。德国犹太人大难临头了。

图14-2 水晶之夜

最近一阵子，在德国的压力下，意大利也推出了反对犹太人的法案。费米教授的妻子是犹太人，他们也盘算着出国流亡。如何找个机会离开意大利呢？家里的财物无法带走，变卖家产当然会引起当局的怀疑。外汇严格管制，每人只许兑换50美元，像莉泽·迈特纳那样带着钻戒出走，恐怕太扎眼，容易丢失，还是买獭皮大衣合适。他们谋划如何神不知鬼不觉地转移财物。正在此时，机会来了，早上接到斯德哥尔摩的电话，叫他们不要出门，晚上有重要消息通知，夫妻俩对望一眼，立刻心领神会，看来出走计划要提前了。

这天晚上，费米接到斯德哥尔摩的正式通知，他获得了诺贝尔物理学奖。这是个绝佳的机会，资金问题也解决了，诺贝尔奖的奖金可不少呢，足够花一阵子了。费米一家（图14-3）到斯德哥尔摩去领奖当然是合情合理的，意大利当局也不怀疑，顺便去美国讲学半年也没什么奇怪的。去了斯德哥尔摩还要发表演说，参加晚宴，跟政要名流碰面，然后拉家带口堂而皇之地溜去美国。去美国使馆签证还必须做智商测试，那年头法国人比奈的智商测试表格很流行，美国用这套表格来筛选移民。我难以想象费米一家当时是什么感受，这一幕多少有点滑稽，诺贝尔奖得主就得到这样的待遇吗？负责检查的医生怀疑他的孩子听力有问题，打算拒绝入境要求。有人在医生耳边悄悄耳语了几句，说此人刚拿了诺贝尔奖，医生高抬贵手没找他们麻烦。

图14-3 费米一家

当他们全家踏上去斯德哥尔摩的列车，送行的朋友们心里都清楚，他们不会回来了，可是大家都不敢把话挑明。火车穿越意大利边界进入德国，一路向北开去，费米长出了一口气。然后就是令全家人陶醉的诺贝尔奖颁奖典礼，这是多大的荣誉啊！拿奖之后，费米毫不迟疑，说走就走，1939年1月12日的晨曦中，一家人在轮船甲板上看到了薄雾之上高耸入云的摩天大楼的身影，纽约就在眼前，大逃亡胜利完成。

就在希特勒对犹太人开始大规模迫害的当口，1938年年底，碰上了原子核物理的巨大发现。一大批物理学家都是犹太人。核裂变算是20世纪最重要的发现之一，这也为后来德国在原子武器方面的落后埋下了伏笔。

15.核武大竞赛

　　就在1939年的夏天，一群匈牙利犹太人来到了爱因斯坦家门口。这时爱因斯坦已经到美国好几年了。进门的是两个人，领头的是爱因斯坦的朋友西拉德，西拉德递给他一封信，叫他最好在上面签字。爱因斯坦一看，是一封劝美国总统罗斯福研制原子弹的信。其实爱因斯坦本人的注意力并不在核物理上，他对这事也就是大致理解。西拉德可是行家里手，因为他早在1933年就设想过，假如中子打进铀235的原子核，原子核吐出两个中子，然后继续磕碰旁边那些原子核，中子就会越打越多，形成连锁反应。他看到哈恩和莉泽的研究成果，发现当年他设想的这种链式反应完全可能在核裂变的过程中发生，同时伴随大量能量的释放。西拉德和费米一合计，核裂变是可以造武器的，西拉德就坐不住了，这种超级武器要是德国搞出来，那还了得？德国的物理是很强悍的，有一帮子很厉害的物理学家，哈恩本人就是德国人，他决定联络一帮人联名上书，当然要找犹太同胞爱因斯坦撑门面，他的名气大嘛。

　　这一次来找爱因斯坦的是三个人，都是从匈牙利逃出来的犹太人，两个人进了屋，还有一个专职当司机，他就是爱德华·泰勒，未来的氢弹之父，当年还在莱比锡大学给海森堡打过下手。爱因斯坦仔细看了这封信，最后签了字。西拉德他们就开始想法子把信寄给罗斯福总统，他们走的门路很多。这封短信最后起到了什么作用不好说，有一种说法是罗斯福压根儿没时间看这封信，直到最后都没拆开。反正爱因斯坦觉得不能让希特勒抢在前头，那可要出大麻烦。罗斯福最后知道了科学家们的建议。他将信将疑，不清楚这事能不能成，世界上也没人知道造出原子弹要花多少时间。总统大笔一挥，先拨了一笔"巨款"进行预研发，多少钱？6000美元，也就是让他们搞个可行性研究。

这是8月的事，到了9月，德国闪电战突袭波兰，16天以后，苏联从背后插了一刀。波兰一个月就亡国了，快得难以想象，第二次世界大战就此爆发，各个国家纷纷宣战。英法两国叫得厉害，可是雷声大雨点小，号称是"静坐战争"和"奇怪战争"。但是德国和其他国家之间的联系就断了。假如海森堡想和英国的狄拉克联系，那肯定没戏，两国交战状态嘛。这时候，党卫军找上门来了，啥事找海森堡啊？

德国人果然也打起了原子武器的主意。德国占领着世界上最大的铀矿（在捷克斯洛伐克），有世界上最强大的化学工业，他们当然有兴趣网罗一帮专家搞研究。那么这事找谁来负责呢？当然是那个臭名昭著的希姆莱，可他又不懂核物理。德国的科学家多啊，虽然走了一大批犹太人，可是瘦死的骆驼比马大。哈恩和斯特拉斯曼这二位是核裂变的发现者，还有劳厄（1914年诺贝尔物理奖获得者）、博特（1954诺贝尔物理奖获得者）、盖格（盖格计数器的发明者，他也进行了 α 射线散射实验）、魏扎克、巴格、迪布纳、格拉赫、沃兹，当然，还有海森堡（图15-1）。

图15-1 穿党卫军制服的海森堡

党卫军来找海森堡，要他出任原子武器的总设计师。当然，他是负责理论的，实验部分还是交给哈恩。哈恩比海森堡大了22岁，这是典型的老少配。1939年9月26日，德国军方制定了铀规划，着手开始进行核武器的研制，以海森堡为首组成特别小组负责研究工作，计划代号叫"铀俱乐部"。德国人这就甩开膀子干了。可见西拉德他们的消息渠道是准确的。爱因斯坦发出那封信是8月2号的事。海森堡内心不认同纳粹，也不喜欢那个小胡子希特勒。海森堡是个非常高傲的人，天才通常都很自负，但是他要为国尽忠，海森堡是德国正统教育熏陶出来的标准德国好青年，虽然他那时候已经不再年轻了。

战争已经打响，德国已经灭掉了波兰。打仗的情况下，科学家得到的资金其实是很有限的。战争是烧钱的机器，整吨的钢铁送进炮管里，轰的一声打出去炸掉，那是吞金的怪兽。一切都围绕着战争，平民用的东西还是靠边站吧。如果军方能拿出钱来给科学家搞研究，科学家们当然很开心。但是在当时，核裂变刚刚发现不久，大家都不知道这东西能发展到啥程度。原子弹其实只是核能利用的成果之一，不是全部，要想让原子核里面的能量乖乖地放出来，那可不是简单的事，他们到底该怎么办呢？

先要在理论上建立一个体系，到底传说中的链式反应能不能发生，发生以后能不能控制得住，这一切都是未知数。首先一个问题摆在大家面前：到底啥东西能发生核裂变，而且能发生链式反应呢？1939年底，海森堡就确认了核能这东西的确是存在的，可以利用链式反应来获得大量的能量。普通的铀238肯定是不行，需要高浓度的铀235才行。铀235在自然界的含量微乎其微，要想把这东西提取出来，那是难上加难。这东西的化学性质跟铀238一样，想靠化学提纯是不可能的。到底该用啥办法来提纯铀235呢，还没啥头绪。还有一个办法，就是在铀238上做文章，看看能不能把铀238变成能裂变的物质。海森堡把这个差事交给专门搞实验的魏扎克。

光有了裂变物质还不行，还需要减速剂。费米的一个很了不起的贡献，就是发现中子的快慢对核裂变很重要。当年费米用中子源来轰击金属，金属产生了人工放射性，在中子源和金属之间插一块铅板，结果金属的放射性反而增强了，这大大出乎大家的意料。费米后来又换了蜡来做这种实验，金属的放射性更加强烈。费米发现，这东西跟中子的能量有关系。中子要是太快，反而不容易被原子核俘获。就好比打斯诺克台球，要是球速太快，反而不容易进洞，必须是速度和角度都合适才能打进去。原子核也是一回事，中子太快的话，容易错过，不容易俘获。加进一部分能够使中子减速的物质，反而使得更多的中子被原子核捕获。费米感觉，应该是石蜡里面所含有的氢原子起了作用。中子跟质子差不多质量，撞上刚好可以减速。哪儿的氢最多？那还用问吗？水！费米预言，拿水来做实验，应该效果更好。他们扛着中子源和金属桶，来到实验室后边的喷水池旁边摆开阵势，把实验装置放进水里。果然，盖格计数器噼啪作响，放射性很强。就因为这个，费米获得了1938年的诺贝尔奖。德国这边没捞到费米，绝对是一大损失，费米是理论和实验两手抓两手都很硬的人物。

海森堡当然知道这一切，他预计需要去找合适的减速剂来增强链式反应，他发现，重水这东西能当减速剂用，石墨也行，那就安排人手去做实验吧。法国人这时候也在研究原子裂变方面的东西，领头的就是约里奥-居里，现在他基本上是法国原子物理界的掌舵人。他认为石墨不太纯，不好使，重水比较靠谱。但是石墨生产比较方便，重水生产就太麻烦了。只有挪威生产重水，产量很有限，大家就都盯上挪威的重水了。英国人、法国人、德国人都盯着挪威。挪威一摆手说，我是中立国，两边不得罪。法国特工就潜入挪威，想尽办法把重水运出来185千克，弄到了法国。海森堡也认为重水靠谱，用石墨做实验得到的数据总是不理想。他哪里知道是有人坑他，在石墨里面掺了杂质。

1940年，德国的铀俱乐部工程已经有一些初步结果了。他们发现，用铀238来制造钚239也是个不错的路子。这东西是自己造出来的，不需要从自然界提纯。但是大规模地制备钚239非常麻烦，还要想法子搞出个生产装置来才行，目前还是铀235靠谱。就在这一年的4月，德国突袭丹麦，几个钟头就解决问题，丹麦当天就宣布投降。德国人虽然占领了丹麦，但是还让他们自治。大批犹太人还留在丹麦没走，玻尔也在想尽办法帮他们。不过玻尔和海森堡这对师徒可就成了冤家了。玻尔的祖国正在被海森堡的祖国侵略，这两人见面，必定是非常尴尬。一年以后，海森堡到哥本哈根拜访恩师，果然不欢而散。这是后话，暂且不表。

德国兵锋直指挪威，挪威也扛不住，王室和政府全都退到了北极圈内，还算没被全部占领。挪威的重水工厂落到了德国人手里。德国又调动大军横扫西欧，没几天，荷兰、比利时、卢森堡全都投降了。德军打到了法国境内，巴黎城里的约里奥-居里就开始收拾东西了，各种数据报告全都打包藏起来，该销毁的全销毁，能运走的都运走，运去英国。对了，还有那185千克重水，德国人已经惦记了好久，赶快装上商船运到了英国。约里奥-居里自己没走，坐镇巴黎，要保证剩余的东西不能让纳粹给糟蹋了。他自己也绝不跟纳粹合作，倒是跟游击队有来往。时不时有德国人来找约里奥-居里聊天，巴不得他为德国服务，约里奥-居里就是不干。

当时德国占领了捷克斯洛伐克的铀矿，但是铀矿石质量最高的是在非洲的比属刚果。美国方面也知道这个矿很重要。矿老板自然是比利时人。盟国方面就问老板，你那里有多少铀矿石？老板说有一千两百吨。英国人说赶紧运出来。老板说分散在各地凑不齐，也来不及了。就这样，这一千两百吨的铀矿石就留在了比利时。根本没有凑不齐这一说，那是老板搪塞美国人，这些矿石都在同一个冶炼厂里面堆着，比利时一陷落就全落到德国人手里了。这个老板自己一直在美国遥控指挥开采非洲的矿。他下令，刚果矿上的铀矿石直接运到美国来，同时把矿山关闭、工人疏散、所有场地放水淹没，坚决不能叫德国人弄去。美国人一听说马上跳出来阻止，千万别放水！矿要是淹了，我们美国也没法开采了，还是我们美国去接管吧。于是美国人就搞到了大批的优质铀矿石。

德国人已经掌握了两个重要的战略资源了，一个是铀矿石，一个是重水。德国人最早建立了军方背景的项目工程，也算是没有输在起跑线上。铀俱乐部工程的推进工作可以大大加快了。

海森堡在柏林和莱比锡两边来回跑。他有一位助手，叫多贝尔，擅长实验，海森堡本人擅长理论。这两个人搭档是非常默契的。他们在莱比锡搞了个实验装置，叫莱比锡1号装置，其实就是个微型的反应堆。1940年8月，莱比锡1号（L-I型）反应堆成功通过实验证实重水用作中子减速剂的可行性。当时莱比锡工作组采用的是球形反应堆，按照海森堡的计算，如果以此模型推演，将需要5吨重水和14吨的铀才能实现链式反应。海森堡当时心里就凉了，要14吨纯的铀235，那是多大的代价啊。铀235的自然丰度仅有0.72%，要想富集起来那是多么困难，多么不容易。那看来是没戏了。

为啥要这么多铀235呢？这要从一个概念"临界质量"讲起。一个铀235原子被中子打中，然后发生分裂，在这个过程中伴随着能量的释放。然后呢？打碎的那些粒子继续撞击旁边的原子核，继续把旁边的原子核也打碎，循环往复，就如同黄河泛滥一般，一发不可收拾。这样的链式反应有个前提条件，那就是周围必须有足够多的铀235原子，才能形成增值，也就是碎片越打越多。这么多原子，总质量要达到多大，连锁反应才能持续下去呢？海森堡大约估计了需要的总量，那就是14吨。

乖乖！这么多纯铀235！战争期间上哪儿去弄？但是海森堡不气馁，继续努力，莱比锡1型反应堆实验成功半年之后，改进的莱比锡2型(L-Ⅱ型)推出，之后又有莱比锡3型(L-Ⅲ型)。海森堡这边儿有进展，但是整个铀俱乐部工程却不是劲往一处使。一开始有人提议建立一个严密的组织管理体系，设立核心科学家，以担负起统筹规划、资源调配、冲突调解等任务。汉堡大学的哈泰克教授就强烈反对这一近似于军事化管理的提议。于是，在这种氛围下，铀俱乐部进入了n分天下、各自为战的局面。哈泰克教授跟海森堡他们是平行的另一个小组，他们也在研究减速剂、反应堆之类的，他们提出要用干冰作为减速剂。干冰本就是二氧化碳，碳原子能起到减速的作用，但是氧原子不太起作用。二氧化碳的好处在于特别容易提纯，比石墨要方便。哈泰克就想做一下实验，但是他需要300千克铀。找领导批准吧，领导手里也没有那么多的铀。去找海森堡，海森堡不配合，他觉得哈泰克有100千克就够了，俩人为此还闹了矛盾。

哈泰克东拼西凑到处去凑铀，化学品公司送来的15吨干冰就在那儿搁着，慢慢就气化了，最后也没剩多少。哈泰克的实验结果怎么可能理想呢？他不得不转而搞起了重水方面的研究，这也算是德国铀俱乐部内部协调管理上的问题，一开始就拧不成一股绳。当然，还和德国人自视太高有关系。他们认为自己的科技水平天下第一，自己搞不出来，别人也搞不出来。况且德国人并没花太多钱，几百万马克不算啥大钱。整个工程的研发团队也就100多人，根本就不够用。海森堡的莱比锡4号装置成功实现了中子在核裂变中的增殖，整个反应中子越来越多，算是个阶段性成果。这已经是1942年的事了。

德国人完全不知道他们对手的情况，还以为自己的科技成是领先的。在大西洋对岸的美国，成千上万的科技人才正聚集起来，展开一场超大规模的科研行动。美国总统罗斯福一开始只是拨款下去研究一下可行性，办公室设在了美国纽约的曼哈顿，因此原子弹工程又被称为曼哈顿工程。不久以后，工程就升级了。美国人感到战争打得越来越激烈，武器研发工作也就越来越紧。特别是珍珠港事件爆发后，美国人立马调整团队，整个项目以研发核武器为明确目标。项目的总负责人是美国人奥本海默，跟海森堡也算是同门师兄弟，都是哥廷根出来的。

还有一位海森堡的师兄弟也参加了曼哈顿工程，他就是约翰·惠勒，也是玻尔的学生和助手。1939年，他和老师玻尔还有苏联的弗朗克尔一起提出了核裂变的液滴模型。原子核包括了中子和质子，呈液滴状，当另一个中子发射出来击中这个"液滴"，它就会开始剧烈振动，并逐渐拉成花生状，最终一分为二。这就是他们研究出的"液滴模型"，为后来的原子弹制造打下了基础。惠勒的学生费曼也参与了核弹的研究，我们后文还要提到他，他是量子物理学界非常重要的人物。

美国人果然财大气粗，研究原子弹几乎是倾全国之力，召集了15000名优秀的科学家参与。1941年，就在美国人甩开膀子干的时候，海森堡去了一趟哥本哈根，去见老师玻尔。他们还能像过去那样坦诚相见吗？又会谈些什么呢？

海森堡对哥本哈根那是相当熟悉，毕竟在玻尔老师那里学习工作了好多年。物理研究所的房子海森堡也是很熟悉，因为他在这里住了真不是一天两天。当年他是个大男孩，20岁出头，现在已经到了不惑之年。如今已经物是人非，丹麦已经亡国，正是拜海森堡的祖国德国所赐，师生二人变成了侵略与被侵略的关系。海森堡已经是党卫军的官员了，而且是核计划的技术负责人。

师生二人的这次见面，气氛相当凝重，双方都没对外人透露谈话的内容，在场的也只有海森堡和玻尔。至于谈话的地点，双方有不同的回忆。海森堡后来回忆说是在大街上遛弯，一边遛弯一边谈。玻尔回忆是在办公室里边谈的。后来科学史专家考证，他们是在研究所后门外一个公园里面散步。反正最后也没统一的说法。双方后来公布出来的材料基本是相互对不上茬儿的。当时也没有其他人在场，也就不好说到底是怎么回事了。后世还有剧作家根据这段历史写了一部舞台剧，叫《哥本哈根》，描述的就是科学家在祖国的感召和科学家的良知之间的挣扎。演出大获好评，从戏剧角度来讲的确非常精彩，但未必就是真实的历史。那段历史其实已经有点儿陷入罗生门的状态了，大家说法都不统一。

不管师生二人谈什么，有个大问题是绕不开的，那就是有关德国研制原子武器的事。海森堡肯定想拉老师入伙，但玻尔对纳粹是坚决反对，一看徒弟成了党卫军，估计是痛心疾首，非常难过。根据后来的一些资料推测，当时海森堡的态度无外乎这几条：科学家能搞这么个大工程本来就是个难得的事，要是依仗大学和研究所的力量根本办不到，必须靠国家的力量，过了这村就没这个店了。作为科学家，搞出点啥东西那是相当光荣的事。至于武器会被用于战争，造成大规模人员死亡，从一战的经验来看，要想少死人，不在于控制武器的威力，而在于缩短战争的时间。你看现在希特勒闪电战横扫西欧，是死不了多少人的。像一战那样双方在战壕里对着消耗，谁冒头就拿机关枪打谁，那才是绞肉机。核武器可以很快地结束战争，是好事啊。再说了，德国的崛起是谁也阻挡不了的。与其对抗不合作，还不如顺应这个大趋势。海森堡还有个打算，玻尔老师人脉广，说不定还能知道盟国方面有啥类似的动作。

海森堡肯定对着玻尔就是一通瞎白话，其实就是问玻尔，有没有可能把铀元素用到武器里边啊？作为一个科学家应不应该搞大规模杀伤性武器啊？玻尔倒显得比较平静，他问这东西能造出核武器吗？海森堡说有戏，现在进展还不错。玻尔虽然脸上平静，但是心里一定翻江倒海。海森堡这孩子怎么就不能明辨是非呢？对于纳粹这种人类公敌，你怎么就能往里掺和啊。他们要是掌握了大规模杀伤性武器，那是人类的灾难。玻尔帮助过很多的犹太人，而且是以反纳粹著称的。德国入侵了丹麦，政府已经跑了，现在德国人要收拾他那是易如反掌，这个学生虽然必定会念及师生情谊拼命保玻尔，但是这事谁也不能打包票啊。德国人已经找上门来了，玻尔必须给个明确的答复。那么德国人又会不会三下五除二，对他不利呢？太危险了。看样子，日子越来越难熬啊。

自然，大家都想得到，海森堡这一次必定是空手而归。盟军的消息没打听到，玻尔老师也不答应入伙，而且师徒之间的感情也大受影响。他回到德国继续去鼓捣他的核计划。盟国的情报部门也不是吃素的，海森堡跑去找玻尔，他们哪能不知道。玻尔的哥本哈根理论物理研究所是物理学界的重镇，特别是原子弹的理论基础——所谓的液滴模型就是玻尔和他的学生惠勒搞出来的。这个惠勒现在就在美国，玻尔在德国占领区，那太不安全了。

1943年2月，一个陌生人来到玻尔家门口，递给了玻尔一把钥匙。玻尔从钥匙里面抠出个小东西，是个微缩胶卷，拿出来一看，是英国的查德威克来的一封信。里面语言晦涩，反正大概的意思就是请玻尔去英国，别在丹麦待着了。玻尔深爱着丹麦的这片土地，他舍不得自己的祖国，只要能坚持下去，他绝不出走。玻尔想不到，他的命运其实根本不掌握在他自己的手里。德国人惦记他，英国人和美国人也没忘了他，生怕他的研究成果给德国人捞了去。英国和美国的情报部门已经开了好多次会，要安排把玻尔弄出去，实在不行就绑架玻尔，把研究所炸了。丹麦的地下抵抗人员还真在实验室下边埋了炸药。

要说丹麦的抵抗力量还真是厉害，搅得德国人脑仁都疼。德国人打算一不做，二不休，连抵抗组织带犹太人来个大扫荡，全抓起来再说。一半枪毙，一半拉到德国服苦役。玻尔一看不走是不行了，他趁着月黑风高，坐一条小渔船，偷渡到了海峡对面的瑞典。在瑞典首都斯德哥尔摩，玻尔深居简出，生怕被德国特工给盯上，要知道盖世太保可不是吃素的。

又是一个月黑风高的夜晚，英国特工把玻尔带到了郊外的一个机场，玻尔看到了一架奇怪的飞机，居然是三合板木头做的，这就是英国在二战中大名鼎鼎的蚊式轻型轰炸机（图15-2）。这架飞机有三个座位，据说是把玻尔放到炸弹仓里给带上天的。中途飞到高空，飞行员提醒玻尔赶紧戴上氧气面罩，连呼数声，玻尔都没回话，他已经晕过去了。飞行员可犯难了，要是往低空飞，就可能被地面防空炮火打中，要是不降下去，炸弹仓里这位真死过去怎么办？飞行员牙一咬，心一横，冒险压低了飞行高度，那是名副其实的"冒着炮火前进"。到了英国一降落，大家伙发现玻尔没气儿了，赶紧打强心针抢救才给抢救过来。就这样，玻尔到了英国，没多久玻尔就作为原子弹工程的顾问去了美国。

图15-2 蚊式轻型轰炸机

玻尔到了美国，接站的是一位美国将军，美国地域辽阔，去核基地要坐12个小时的火车。这位将军在火车上不厌其烦地叮嘱玻尔，保密是第一要务，某某事不能说，玻尔下了火车才5分钟，那位将军就差点儿气晕过去！玻尔一张嘴，不该说的全说了。

这位将军是谁呢？他叫格罗夫斯。这就要从核计划的开端讲起了。罗斯福总统开始只是给了少量的钱来搞个可行性研究，也没太当回事。后来得到英国方面的消息，英国人正在搞代号"合金管"的工程。"合金管"工程就是英国原子弹研制计划。英国人主要想通过钚来搞核弹，可是英国国力不够，战争期间实在是难以支撑，他们打算跟美国合伙来搞核武器。美国人这才当了真，开始在原子弹工程上发力。他们委任一位军人当了曼哈顿计划的行政负责人，也就是那位格罗夫斯将军，主要是因为他干了好多土木工程方面的任务，比如建造五角大楼，也就是今天的美国国防部。

军人当然以上战场为荣，格罗夫斯老是与黄沙、水泥、砖头、瓦块打交道，他当然不愿意，他好不容易申请到前线当了战地指挥官，国内一个电报就把他叫回来了。他从前线下来还老大不乐意。上司告诉他，他已经被晋升为将军了，这可以算是意外的惊喜。他是行政方面的负责人，军事工程当然是由军人领衔来管。

美国人很早就组织了一个专家委员会来讨论有关核武器技术方面的问题，但是那时候还属于有一搭没一搭的，上头也没指望这东西能怎么样。这个委员会里边就有老牌的实验物理学家康普顿。格罗夫斯那边还缺个技术总负责人，他就向专家委员会咨询，到底谁能当技术总负责人。康普顿就推荐了一个人，此人不愧是美利坚的擎天白玉柱、架海紫金梁……康普顿好话说了能有一筐。

图15-3 1945年陆海军"E"奖颁奖仪式
奥本海默、格罗夫斯、加州大学校长斯普劳尔

到底是谁有此大才？康普顿不慌不忙地说出了此人的大名——罗伯特·奥本海默（图15-3）。奥本海默也是哥廷根大学出来的人，算起来还是海森堡的师弟，也是玻恩老师的学生。他在欧洲各个研究机构都跑过一圈，回国以后一直在各个大学任教。大家都公认他是个物理学奇才。但是他比起师兄们可就差远了。几个物理学男孩儿都已经是开宗立派的量子力学创始人了。他自己也常常感慨，自己已经到了不惑之年，还没有特别伟大的开创性成就。但是机遇总是偏爱有准备的头脑，他的命运就此改变。

1939年，玻尔到美国讲学，讲述了哈恩他们的发现，也就是有关核裂变方面的知识。奥本海默听了以后，回家就开始估算临界质量，他对这事很感兴趣。1941年秋天，他参加原子能军事应用的研讨会，见到了康普顿。康普顿对他印象很深，后来康普顿召集他参加有关原子弹的研讨，他领导一个小组花了几个星期时间讨论了快速核裂变的计算。同时，大家还讨论到了另外一个东西，那就是核聚变，也就是氢弹的可能性。不过那时候氢弹八字还没一撇，而且奥本海默最终也与氢弹无缘。经过一系列接触，康普顿看出了奥本海默身上另一个特质，那就是协调组织能力，这是管理这个庞大科学工程必不可少的能力。

奥本海默提出了自己的主张，那么多的实验室分散在美国、英国、加拿大等地，效率太低下了，必须要把所有的科学家组织起来，搞个大的国家实验室。康普顿提议，这事就交给奥本海默了。有了康普顿的推荐，格罗夫斯决定跟奥本海默碰个头。他们俩在一列火车上开始讨论，到底要把这座实验室建在哪儿呢？美国已经在田纳西州的橡树岭建立了一个实验室，但是这附近发现了两个德国间谍，虽然这两个间谍不是冲着实验室来的，但是安保方面总是比较麻烦，最好把实验室建在偏远地区。

图15-4 牧场学校的大房子

最后他们挑中了新墨西哥的洛斯阿拉莫斯，奥本海默小时候在那里的寄宿学校上过学（图15-4）。一大帮子物理学家和军方人士去那里考察了一番。学生们一看，教科书上画的那些大牌物理学家都到这儿来了，他们来干什么？不多久，学校关闭，此地被政府征用了，一排排建筑拔地而起，一个庞大的国家实验室渐渐显露出了轮廓。

　　硬件有了，那么人才呢？奥本海默到处奔走，呼吁大家加入曼哈顿工程。不得不承认，奥本海默忽悠人的本事真不是一般的大，大批人才都热血沸腾跃跃欲试（图15-5）。他们都要报效国家，为打败法西斯做贡献。这就是道义的力量，得道多助失道寡助。大西洋两岸的竞赛，高下立判。格罗夫斯也很开心，要知道他大胆起用奥本海默，那是顶着压力的。人家都觉得，这东西你怎么也得找个"炸药奖"得主来干吧，起码也要德高望重。格罗夫斯认准了就不动摇，坚定支持奥本海默。找那几位德高望重的，岁数都偏大，干不动活儿了，现在要的就是年富力强的，奥本海默正合适。

图15-5 奥本海默和同事们

　　欲知后事如何，美国原子弹怎么研发，下回再说。

16.曼哈顿工程

图16-1 在1946年12月2日，CP-1反应堆成功四周年之际，
CP-1团队的成员聚集在芝加哥大学

美国人开始加快曼哈顿工程的进度，这个工程太过庞大，首先要测试一下能不能实现传说中的那个链式反应。那就要先搞个反应堆来试试看。这事就落在了费米身上，费米带人马在哥伦比亚大学搞反应堆。后来美国当局觉得大家分散在各大学和研究机构不太好，集中管理更有效率。于是费米团队大搬家，来到了芝加哥大学，一大批科学家都来到了芝加哥大学，爱德华·泰勒也在。不过泰勒心高气傲，他总想搞点儿大家伙，他的主攻方向是

核聚变。费米继续领着一帮子人搞核反应堆。费米溜达来溜达去，相中了一个废弃体育场的看台，看台底下有个大房间，刚好可以建造反应堆。一帮子科学家就扎进了这个体育场的看台底下。康普顿、费米、西拉德几大牛人携手努力，他们都是实验物理学方面一等一的高手（图16-1）。

美国人花了150万美元来造反应堆，建造芝加哥反应堆（图16-2）是"曼哈顿工程"中最脏最累的工作之一，因为他们用石墨当作减速剂，石墨黑乎乎的，而且很软，蹭一下就是一大块黑。工作一天下来，白大褂变成了"德国青"，再往脸上看，个个都不输李逵，赛过张飞，好似唐朝的门神爷敬德。不仔细看分辨不出到底是不是非洲裔。这些世界顶尖的科学家们干着体力活，24小时轮班不停，搬运石墨块，堆出了一个500吨的庞然大物。

图16-2 芝加哥1号堆

这个核装置长10米、宽9米、高5.6米，里面装了52吨核反应材料，其中有6吨金属铀，46吨氧化铀，就像千层饼一样。石墨块都是带孔的，横向的孔里插核材料，纵向的孔里插控制棒，总共堆了有57层。铀元素受到中子源的照射，就开始发生核反应了，铀235会发生裂变，原子核被打碎，释放出快中子。在石墨的作用下，快中子被减速变成慢中子。但是铀235太少了，大部分是铀238，铀238吸收了中子以后就变成了超铀元素，就是在元素周期表上排在铀后边的那些元素。铀235被中子打到就会裂变，继续释放更多的碎片，形成链式反应。控制棒是用能够吸收中子的金属制成的，比如镉元素，做成棒状插进反应堆。多插一点儿，吸收的中子就多，链式反应就会变慢。反过来，少插点儿，链式反应就会变快。用这个方法来控制反应堆的反应速度。

一帮子科学家站在安全区域，说实话，这个位置到底安不安全只有天知道，离远点总好过离得近。费米拿着个计算尺，死盯着中子计数器的读数。1942年12月2日上午10点37分，费米下令把控制棒提起来，核反应堆开始了第一次运转。随着控制棒一点点拔出，中子计数器开始吱吱嘎嘎作响，声音越来越大，噼啪声越来越密集。记录纸带上的笔尖画出了一条向上的曲线。链式反应能不能持续下去？会不会噼啪响一阵子最后没动静了？假如能持续进行下去，会不会愈演愈烈最后失控？大家心里都没底。一群年轻人组成的敢死队站在核反应堆上，手里拎着几大桶含有镉元素的溶液，万一反应堆失控，就先把溶液浇进去灭火。理论上讲，含镉的溶液直接灌进去大量吸收中子，反应堆就会停下来，但实际上只有天知道。费米拿个计算尺推推拉拉地一通算，然后指着曲线说，到达这个数值以后，曲线应该会变平，反应堆不会失控。费米果然料事如神，反应到达他说的那个数值之后开始平稳地持续了。费米又下令再把控制棒拔出来一截，果然曲线开始再度上升，过一会儿，又稳定在了更高的数值上。人类第一次实现了可控的核反应。1942年12月2日15点25分，这是划时代的一刻，原子能被人类驯服了。

费米打响了第一炮，链式反应是可持续的，是可以输出巨大能量的。不同类型的反应堆功能侧重也不一样，其中一个功能是生产自然界不存在的核材料。铀238在俘获了快中子以后会变成铀239，这东西不稳定，半衰期只有24分钟。没多长时间，铀239就会衰变成为镎239，镎239也不稳定，半衰期只有2.35天，然后就会衰变成为钚239。钚239是稳定的，半衰期长达2.4万年，可以用来制造原子弹。铀238在反应堆里面放上一段时间，经过充分的核反应，会产生钚239，钚239本身也是核反应堆的燃料，继续进行核反应，促使更多的铀238转变成钚239。反应产物拿出来以后，放在大水池里边泡着，等着铀239变成镎239，最后变成钚239。反正放上一段时间就可以生成尽量多的钚239。钚和铀是两种不同的金属元素，化学性质有差异，分离开相对来讲是不难的，用化学方法就可以了。因此用钚来制造核弹好像要比铀方便，毕竟铀235的提取极其困难，因为铀238跟铀235的化学性质一模一样，只能靠物理手段分离，难度非常大。

费米的反应堆运行了28分钟，16点04分，整个实验结束。根据费米的实验，要想提取出足够的钚元素，大概需要6个大型反应堆，每个都比费米的反应堆大好多倍。这事就摆到了格罗夫斯案头。格罗夫斯要找个地方来建大型核反应堆。该建在哪儿呢？有人提议建到田纳西州的橡树岭。但是格罗夫斯马上否决了这个提议，因为那儿已经没地方了。田纳西州的橡树岭是铀工厂的所在地（图16-3）。分离铀235和铀238有三种办法，电磁分离法、气体扩散法和热扩散法，美国人搞不清楚哪个办法更有效，也仗着财大气粗，三种办法一起上。橡树岭电磁分离工厂的第一期工程已竣工，这是有史以来最大的磁铁，每个磁铁重达3000吨到10000吨不等。那么老大的电磁铁需要很多铜线来绕，上哪儿找那么多铜？要知道战争时期铜是紧俏物资，子弹、炮弹、电线都需要铜，该怎么办呢？

图16-3 田纳西州橡树岭的Y-12工厂，超大型电磁分离装置

军方面子真大，他们向美国的国库借银子，不要钞票，就要银子。国库真是给力，咬牙发狠，先后拿出了1.4万吨白银。那些巨型的电磁线圈，都是

白花花的银子绕出来的。曼哈顿工程结束以后，这些银子还要还给国库的，天长日久，消耗掉了十几吨白花花的银子，美国人真是下足了本。

原子弹有两条实现路径，一个是靠铀元素，提取铀元素要靠物理办法，比如电磁分离等。钚元素也可以造原子弹，需要动用核反应堆和化学方法。一般来讲，钚元素容易搞，铀元素比较难。但是本宇宙的基本法则是："出来混，总要还的。"钚造原子弹遇到的问题可比铀元素要多。穷国一般先从钚元素下手，造核弹的路途上有无数的坑，那些想得到原子弹的后发国家，比如印度、巴基斯坦，就被这条路坑得叫苦不迭。

扯远了，书归正传。美国人最后在华盛顿州的汉福德找到了地方，在那里建了大型的核反应堆，专门生产钚元素。1944年9月初，在汉福德地下的三个核反应堆中的第一个反应堆——反应堆B（图16-4）也已经准备就绪。直到9月27日凌晨两点，反应堆还在不停地生产运转。可在那天凌晨三点，反应堆B突然"死机"了，清晨6点半，还是没有丝毫活过来的迹象。科学家们困惑不已，不知道究竟是什么原因造成反应堆死机，反应堆B看上去更像一堆价值300万美元的垃圾。

图16-4 反应堆B内景

第二天，当这群沮丧万分的科学家们拼命寻找事故原因时，反应堆就像当初神秘死去一样，又神秘复活了。随后，反应堆又出其不意地冷却下来，变得一片死寂。于是，一大批科学家被召集到一起给反应堆B诊断毛病。他们发现了一种名为氙135的气体，它的半衰期是9.4小时，正是这种气体"毒死"了反应堆！费尔米经过仔细计算，提出将反应堆的铀装载量增加25%，就可能解决氙气中毒现象。他们照此实验，"反应堆B"果然没有出错。不久后，经过一系列反应和分离程序，汉福德的工厂终于生产出了第一块钚金属。

图16-5 洛斯阿拉莫斯的阿什利池塘附近的曼哈顿项目技术区

好了，现在铀元素和钚元素都有着落了，两座大型基地正在开足马力生产核材料。那么原子弹的总体设计和总装放在哪里呢？就放在奥本海默负责的洛斯阿拉莫斯国家实验室（图16-5）。一大堆的科学家定期开会汇报工作，总体进度都是这里控制的，后来费米等一大帮子科学家都集中到了洛斯阿拉莫斯实验室。玻尔也在那里参加了核计划，不过玻尔老爷子只是顾问，惠勒可是核心人员之一。惠勒带了他自己的一班学生也来参加曼哈顿工程，其中有一个20出头的年轻人叫费曼（图16-6）。

图16-6 1940年，费曼被挑选进入曼哈顿工程的时候，年仅19岁

玻尔一个电话就把费曼给叫过去了，两个人聊开了，玻尔发现这个年轻人很不一般。别看费曼在玻尔面前聊天有点儿放不开，一副诚惶诚恐的样子，但是一谈到具体的物理问题，费曼是一步不让，敢直接反驳玻尔的意见。玻尔也是出了名的死杠头，连爱因斯坦都扛不住他，还曾闹得薛定谔大病一场。这一老一少吵起来就没完没了了。但是，玻尔最后还是称赞费曼，这小伙子有见识，是个物理学奇才。其实洛斯阿拉莫斯的能人多了去了，大牌物理学家和诺贝尔"炸药奖"得主一大把，但是他们见了玻尔都恭恭敬敬的。玻尔后来评论道，不能只听这帮人的，这帮人只会说："是，玻尔先生。"大家需要听一听这小伙子的意见，只有他会说："你疯了！"

这个费曼先生也有点儿过分顽皮了。他住在营区外围，有些人不想绕个大圈子从正门进营区，就把铁丝网搞出个大洞，从洞里面进出。费曼灵机一动就玩开了"行为艺术"，总是从大门出去，然后从破洞钻进去，如此这般连续好多次。门口的警卫人员纳闷儿，怎么只见这个人出去，不见这个人进来，怎么回事啊？警卫发现不对劲，赶快报告了领导，结果费曼就被抓起来了。人家一问他，他说后边有个大洞，大家都从那儿进出，你们安保部门有眼无珠。

当然，这不是什么大事，费曼又被放出来了。后来费曼又发现他们办公室的柜子不保险，就一把小锁，捅咕捅咕就能搞开。甚至不把锁捅开，从柜子底下的一个缝隙里面也能把文件拿出来。又一次开会的时候，他就抱怨柜子不保险。当时泰勒也在座，他说自己都把文件放在桌子抽屉里，不放柜子里。泰勒问费曼，是不是比柜子安全，费曼说不知道，他没看过泰勒的抽屉。会还在继续开，泰勒坐前排，费曼在他视野之外。费曼就偷偷溜出去了，回到办公室仔细研究了泰勒的抽屉，发现根本连锁都不用打开，从后边能伸手进去把抽屉里的文件全抽出来。他就把文件全抽出来了，放在桌子旁边，然后溜回去接着开会。会议结束，他追着泰勒，非要看看泰勒的抽屉。泰勒不明就里，打开抽屉的时候，吓得脸都绿了，文件全没了。当然，费曼在一边儿捂着嘴偷着乐。费曼经常搞这类恶作剧，但是格罗夫斯将军没把他怎么样。因为格罗夫斯也知道，费曼这号人能帮助他们发现安保漏洞，也就不追究他了。

费曼还做了一件事，他受命把工程的目的告诉了做数学计算的那帮人，那帮人根本不知道自己在搞什么东西。当他们知道自己搞的是原子弹，目标是打败法西斯的时候，工作效率提高了一倍。别以为费曼只会搞恶作剧，人家后来在量子力学方面做了非常大的贡献。他的很多趣闻都是他自己记录下的，写了一系列的书，最出名的一本叫《别闹了，费曼先生》，讲的就是这些事。大家有兴趣可以去看，可以看到物理学界诺贝尔奖级别"段子手"的精彩人生。

早在1943年，奥本海默他们就搞出了两种原子弹的构型，一种叫作枪法型（图16-7），一种叫作内爆型（图16-8）。铀235的产量很少，只够做一颗原子弹，但是钚元素相对较多，因为钚的临界质量相对较低，几千克就够用了，铀要十几千克才行。铀235虽然提取困难，却可以用简单的枪法型构型来做原子弹。钚元素虽然用量小，而且提取相对方便，但是必须用复杂的内爆型构型。

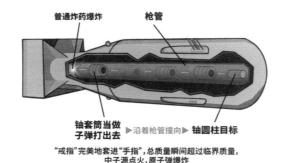

图16-7 枪法型原子弹构造

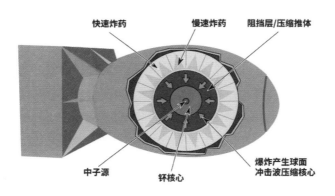

图16-8 内爆型原子弹构造

这个内爆型构型比较复杂，必须要做实验，说白了，必须试爆一颗，奥本海默心里才有底。大家都在努力，努力提取核材料，努力攒够需要的重量，这在1944年还远远做不到，要到1945年才凑足。但是1944年，发生了一件大事，那就是"霸王行动"，登陆诺曼底，美英盟军反攻欧洲大陆成功。随着美军的战线不断推进，军方派遣一个小组开始在欧洲大陆搜寻德国核研究的情报，代号叫"阿尔索斯"小组。他们第一站就到了巴黎，先来找约里奥–居里，这是法国物理研究的大本营。约里奥–居里留在了巴黎，一方面德国人骚扰他，另一方面他的同胞也认为他是叛徒。约里奥–居里最后参加了解放巴黎的战斗，亲自上阵扔炸弹，否则的话，那是跳进塞纳河也洗不干净了。阿尔索斯小组的负责人找到他的时候，约里奥-居里先是一愣，来人好面熟。

约里奥-居里看见的这个美国军人是谁呢？其实我们以前提到过这个人，正是电子自旋发现者之一的高斯密特。当年，高斯密特和乌伦贝克两个人一起发表了一篇论文，论文发出去以后，这二位提心吊胆的，当时还请洛伦兹老爷子给把把关。洛伦兹老爷子闷头算了好几天，告诉他们，电子是不可能转动的，否则电子表面转速将超过光速很多很多。这两个年轻人一想，完了完了，这下"糗大了"。他们的老师埃伦费斯特还安慰他们，年轻人嘛，不干上几件荒唐事，哪能叫年轻人啊！不要紧的。哪知道，他们的论文一发表。海森堡头一个给点赞，不得了啊。这两个人还有点儿受宠若惊。后来大家才知道，电子的确是有角动量的，但是不能像洛伦兹老爷子那样当成普通物体的旋转来算。电子的角动量是内禀角动量，是粒子的基本属性之一。这个自旋，恰好就是泡利预言的第四个量子数。泡利开始还不认账，后来不得不承认，电子是有自旋的，还给高斯密特寄了张明信片。从此高斯密特和乌伦贝克两个一战成名。

高斯密特是荷兰人，1927年他去了美国，海森堡访问美国的时候还去过他家，可见是老相识了。欧洲面积又不大，物理学家也就聚居在德国、法国周边一圈，大家在学术会议上常见面。这个高斯密特的兴趣爱好广泛，并不只是物理学一项，他也是一位受人尊敬的好老师，也很喜欢与物理八竿子打不着的刑法学，还喜欢研究古埃及文化，搞了好多古埃及的甲虫徽章。战争期间他在研究改进雷达，并没有参加曼哈顿工程。军方要搞阿尔索斯小组，急需科学家来参与，就把高斯密特给找来了。后来高斯密特在整理内部材料的时候，偶然发现了军方对自己的鉴定材料。

军队选中他是因为以下几条原因：

必须懂原子物理，弄个不懂行的去不灵；

没参与曼哈顿工程，对于核心机密一无所知，上了前线被德国人抓住也不要紧；

懂德语、法语，交流没问题。

1944年8月末，阿尔索斯小组的军方人员来到巴黎。两天后高斯密特就领着专家小组来了（图16-9）。第一件事就是把法兰西学院占了当成办公地点，他们就跟约里奥−居里在同一个地方工作。他们问来问去，也没能从约里奥−居里那儿得到半点德国人的情况，德国人不会傻到对法国人透露军事机密。约里奥−居里还被美国人点名警告，因为他在巴黎解放后一个星期就宣称支持共产党，美国人叫他闭嘴，不许乱说乱动。

图16-9 阿尔索斯成员：高斯密特、沃登伯格、威尔士和塞西尔

随着战线向前推进，阿尔索斯的人也跟着向前推，很快就要到德法边境了，前面就是斯特拉斯堡，这是阿尔萨斯地区的首府。阿尔萨斯跟洛林都被德国人占去了，划归德国。历史上德法两国总是把这两块地方划来划去，谁力量强，谁打赢了，谁就占领这两块地方。一战以后，法国把这两个地方划进来，二战又被德国人给抢走。总体上，说德语的比说法语的人多。莱茵河从这里穿过，一路流向德国。斯特拉斯堡大学里有涉及德国核计划的资料，因为魏扎克曾经担任过斯特拉斯堡大学的物理学教授，他参与过核计划。不过他已经好几个月没露面了。军方的一个少校还从莱茵河里面取了水样，直接送到了巴黎阿尔索斯的指挥部，然后加急送往美国本土。美国人认为，

假如要用核反应堆来做实验获取核材料，总要用大量的水来冷却。美国汉福德的核工厂就是大量使用哥伦比亚河的河水。那么检测一下河水放射性，就可以知道德国人干得怎么样了。这位少校顺手开了个玩笑，他捎了一瓶上好的法国葡萄酒回去，顺手写了个纸条，让美国实验室顺便化验一下这瓶酒的放射性。结果美国人传回来的消息是河水没检测出放射性，但是酒里有，速速弄上几瓶来化验。高斯密特哭笑不得，派了两个手下去葡萄酒的产地。法国人还以为是美国红酒经销商上门，一通殷勤招待。他们弄了两筐红酒外带一大堆葡萄还有土壤样品回了总部。高斯密特当然不客气，一半酒送回美国检验，剩下一半算大家的福利了，我猜美国总部也是馋酒喝吧。

你要是以为他们总是这么Happy，那可就错了。整个欧洲满目疮痍，好多人被战火无情地夺去了生命，一位法国科学家就因为自己的学生掩护了美国飞行员而遭到流放，这位科学家身陷囹圄，还在坚持给自己的伙伴们讲授天文学课程，没几个月就被折磨致死。不知道有多少人遭遇了类似的命运。战争总是残酷的，总是消耗生命去换取胜利，不在乎你是科学家，还是放牛娃。

不久，荷兰被解放，高斯密特马上回了一趟家，他从1943年起就与父母断了音讯。他家的房子还在，门窗皆残。他钻进去看了看，满屋一片狼藉，捡起地下几张残破的纸片仔细辨认，发现是他大学的学生证，他父母曾经仔细保存起来当作纪念。高斯密特难免睹物思人，他的父母到底在哪儿？后来高斯密特整理纳粹资料的时候了解了他们的遭遇。他的父母已经被纳粹关进毒气室残忍地杀害，遇难的日期恰好是他父亲70岁的生日。像他父母这样的犹太人，在欧洲还有很多。在二战中，大约有几百万犹太人，连同为数众多的波兰人、吉卜赛人、同性恋者及共产主义者都被纳粹分子杀害在位于波兰境内的集中营里。

11月15号，巴顿的部队攻下斯特拉斯堡，阿尔索斯小组立刻跟进，冲进斯特拉斯堡大学开始收集资料。首先就去了魏扎克的办公室，资料倒是留下一大堆。莱茵河对岸还在打炮，隔壁的大兵们正在喝酒打牌，高斯密特在昏黄的灯光下翻看资料，这一张不是，那也不是，最后终于发现一包东西，都是跟核计划相关的材料。高斯密特发现，原来以为德国遥遥领先，现在看来，德国的核计划比美国落后好几年。浓缩铀的工厂没有，大型的实用型核反应堆也没有。海森堡的实验室闹过一次火灾，反应装置被烧毁了，从此他就一蹶不振，进展缓慢。德国财政濒临枯竭，根本没什么钱，只能投入那些见效快的项目。若是半年之内没起色，那就拉倒。

高斯密特认定，海森堡就是德国核计划的领导人。美国军方可不敢这么认定，他们总觉得，是不是某位高斯密特不认识的科学家也在搞核计划。高斯密特觉得这不可能，物理圈子就这么大，原子弹总设计师绝不可能凭空蹦出来，必定就是海森堡无疑。那么，海森堡哪儿去了？

图16-10 难以想象海森堡他们把最后的核装置放在了这么优美安静的小教堂山根底下

海森堡原来的实验室不断遭到美国人轰炸，所以他们就搬到了德国南部的一个小镇附近（图16-10），找了个幽静偏僻的小山头，在那儿建立了一个实验室，就在慕尼黑和斯图加特之间，离爱因斯坦的出生地乌尔姆也不远。他们在一家啤酒厂的酒窖里面安置了核反应堆（图16-11，图16-12），山头上还有个小教堂，海森堡一高兴还去教堂里用管风琴弹上两首巴赫的曲子。海森堡键盘上的功夫相当了得，当年他在船上弹钢琴，狄拉克看傻了眼，盯着海森堡的双手目不转睛。那时候他们都还是大男孩，岁月催人老，当年的小伙伴现在都已经是中年人了。

海森堡怎么有空弹琴呢？因为又没铀了，做实验的材料老是接济不上。那时已经是1945年2月了，德国哪还有力量来搞这玩意，离纳粹完蛋没几个月了。

图16-11 海森堡最后安放反应堆的地方已经成了旅游景点

图16-12 德国人的实验性反应堆，现在只有模型供后人参观

科学家们都住在16公里以外的艾兴根镇上，靠骑自行车上下班。美国

军方很着急，是不是派伞兵跳伞下去，把他们全抓起来呢？高斯密特拍着胸脯打包票说，犯不上那么着急。他们的核计划其实有一搭没一搭的，根本不可能搞成。美国军方可不这么想，根据协议说好的，艾兴根是在法国军队的占领区，不归美国人管。正因为敌人德国要完蛋了，防火防盗防盟友才是最重要的。军方组织了两辆坦克几辆大卡车，派一哨人马抢在法国人前面18小时把艾兴根占了。高斯密特带着人马就冲到了德国人的啤酒厂里，一举俘获了8个主要科学家，其中就有哈恩、劳厄和魏扎克，但是没发现海森堡。这家伙哪儿去了？一打听，海森堡骑着自行车回了位于巴伐利亚的自己家，本来两处就离得不远。军官们在海森堡的办公室里一通搜，发现一张海森堡的照片，旁边站着的那个正是高斯密特本人。负责安全的官员开始对高斯密特疑神疑鬼，高斯密特不得不费口舌告诉他们，战前物理学大家庭是多么不分彼此。

海森堡被一队美国兵捉住了，当时他正在家里老老实实地待着。他还很有礼貌地领着美国人看风景，巴伐利亚的风景真是不错。

图16-13 罗斯福去世了，这位伟大的战略家没看到二战胜利

高斯密特跟军方的人聊天，既然德国没有核武器，咱们也别搞了，花那么多钱劳民伤财，日本人显然搞不出来，对吧。军方当然不这么想，搞出来了不用，那不是浪费吗？洛斯阿拉莫斯实验室的科学家们也得到消息，德国人没有原子弹，原来是一场虚惊。不少科学家就开始消极怠工了，那个当年写信给罗斯福总统的西拉德又开始找人联名写信，要求不使用原子弹。当然啦，格罗夫斯不妨碍他们私下谈，但是他说这封信涉及绝密，必须锁在保险柜里。后来西拉德走另外的渠道，又找了爱因斯坦签了名。上一次是催着美国搞原子弹，这回是180度大转弯，劝总统别搞了。七拐八弯地把信送了上去，摆到了总统的案头，哪知道罗斯福总统看都没看一眼。

罗斯福太忙，没空看？不是的，他再也没机会看了。1945年4月12日，罗斯福总统突然去世（图16-13）。美国人痛哭失声，接近13年了，大家几乎忘了白宫里还有别人。怀有这种心情的也包括副总统杜鲁门，他见到罗斯福的遗孀埃莉诺的时候还问能帮着做些什么，埃莉诺反问，应该问我们能帮你做些什么，你现在才是身陷困境呢。杜鲁门一时没意识到，自己已经是这个世界头号大国的当家人了。

杜鲁门接任了总统。军方人士偷偷告诉他曼哈顿计划的一切情况，此前他对此一无所知。这个才当了82天副总统的人突然要扛起这么一副重担，担起世界上最强国家的领导责任，当然是压力山大。作为总统，他面对着一系列棘手的问题，约瑟夫大叔是好对付的吗？老狐狸丘吉尔好应付吗？杜鲁门顶住压力，做出了许多与美国、与世界有关的重大决定。

美国不可能停止研究原子弹的，不但没停止，反而加速了。7月就要实验，8月就要拿出来用。

7月，试验场阿拉莫戈多沙漠一直在下雷雨。工程兵早就建好了一座100米的高塔，原子弹就安放在塔顶。这颗原子弹是钚弹，外号叫"瘦子"（图16-14）。奥本海默对钚239有些吃不准，这种人造的元素该用什么方式引爆呢？这可难坏了奥本海默。最终他找到了一个办法，他在战前研究过恒星坍缩、研究过中子星，还算过一个极限，叫作奥本海默极限。质量超过这个极限的恒星，最终都会坍缩成为黑洞，坍缩的过程中会产生超新星爆炸。这一点启发了奥本海默，最终想出了一个引爆钚239的办法，叫内爆法。炸药把钚239向内压缩，瞬间撞到一起，超过临界质量，中子源点火，核弹爆炸。但是这东西必须做实验，就拿这颗"瘦子"做实验了。

图16-14 试验用的"瘦子"原子弹

大群科学家在礼堂开大会，不少人第一次搞懂自己在干什么。全体实验参加者分头乘车上路，颠簸了4个小时后来到了试验场阿拉莫戈多沙漠。费米从来都是自己开车，这回也不例外，自己开着小轿车就去了试验场。大家各就各位，戴上护目镜，钻进掩体，就等着起爆。只有费米还在纸上不停计算。大家都吃不准到底这个原子弹有多少威力，有的猜是几千吨TNT，有的猜更大。奥本海默是最保守的一个，他觉得也就300吨左右。因为雷雨交加，起爆时间不得不一再推迟，清晨五点半，一个巨大的火球腾空而起，蘑菇云直达万米高空（图16-15）。大家都没直接看到起爆的一瞬间，几乎所有人都低着头，只感到周围被照得亮白一片。也有人胆子大不戴墨镜，此人就是费曼。这家伙躲到紫外线防护玻璃后面去了。原子弹一炸，只觉得两眼全是白光，眼睛被闪花了，过了好久才看到一个大火球腾空而起。费米看见爆炸火球，迅速撒了一把碎纸片。随之而来的冲击波吹得纸片飞出去好远，费米就根据纸片飞散的情况估量出原子弹的爆炸当量大约是两万吨，原子的威力果然大得惊人。

除了费米，其他人都呆呆地站在原地。奥本海默想起印度教圣经《薄伽梵歌》里面的句子：

"漫天奇光异彩，有如圣灵逞威；

只有一千个太阳，才能与其争辉。"

震惊之余，他又想到了《薄伽梵歌》里的后两句：

"我是死神，是世界的毁灭者。"

这一天，日出被人类抢先！

图16-15 核弹爆炸效果

17.海森堡算错

海森堡他们一大堆德国核计划专家，被英国人友好地请到了英国。不去也得去，这事不容商量。英国人找了一个叫作农园堂的庄园，里面有一栋小洋楼，大伙儿住着还挺舒适。对面远处是英国守卫住的地方。农园堂离剑桥不远，不知道海森堡有没有想起好友狄拉克。时不时有英国人来问他们有关德国核计划的事，但是大部分时间，他们还是无聊地在屋里闷着。没事干的时候看看书看看报，还可以听广播，但是别想出门。他们没事就聚在一起聊天，能聊啥呢？聊来聊去也就是核计划的事，他们都是参与其中的专家嘛。

英国人装了窃听器，就想从他们的闲谈之中了解更多的有关德国核计划的内幕情况。英国人全程录音，德国客人不管说了什么统统录下来。我们现在能看到的那段时间的资料，都来自英国人的录音记录。后来，这些记录解密以后出了文字版本，供人查询。过去大家心中都有一个谜，到底海森堡是不是真心帮助希特勒造原子弹呢？这就无法探究了，反正最后是没造出来。

德国人的说法是海森堡他们有科学家的良知，他们是不会真心帮助希特勒的。后来哈恩等一帮科学家还联名搞了反对核武器的社会活动。海森堡战后的言论也是明里暗里说自己其实是在消极怠工，出工不出力，并没有那么狂热积极。很多人也相信科学家的良知，他们认为，海森堡他们那么优秀的科学家，不可能落后于美国同行。奥本海默在学术上的名气显然没有海森堡、哈恩等人来得大，美国人有钱倒是真的。

以德国人的高傲，肯定不能承认自己技不如人。海森堡宣称失败的主要原因是德国没钱！没钱！没钱！重要的事情说三遍。1942年的进度还和美国旗鼓相当，后来就不行了，铀矿太稀少不够用。搞反应堆造钚虽然可行，但是核反应堆需要大量重水，而重水都在挪威生产。盟军又是派特工奇袭，又是轰炸，最后重水也没几碗能到海森堡手里。要石墨，生产厂家的负责人偷偷往里掺杂质，结果又没搞成。不是德国人太笨，而是盟军太狡猾，破坏活动太频繁。

海森堡还表示，自己误导了德国高层，使他们改变了发展方向，到了1944年德国再想回过头来在核武器方面下功夫，黄花菜都凉了。海森堡让世界人民对他有很强的好感。大家都相信，科学家是高尚的人，纯粹的人，是脱离了低级趣味的人。后来还有人根据海森堡去丹麦哥本哈根见玻尔这件事，写了一出戏剧叫《哥本哈根》。里面当然是充满了戏剧性的矛盾，科学家的人性良知和为国服务的荣誉感，到底孰轻孰重？这部戏一上演还挺轰动的，拿奖拿到手软。作为普通人，大家很乐意相信这样的描述，海森堡作为20世纪最伟大的理论物理学家之一，坚守了科学家的底线，让人们在残忍的战争中感受到了理性与良知的一丝温暖。但是这是事实吗？还是只是人们的一个美好的愿望呢？

玻尔严守当初对海森堡的承诺，他没有公开透露什么，对当年那次会面只字不提。但是海森堡方面经常会放出一些言论来。玻尔家人后来整理了玻尔写给海森堡的一系列信件，公开发表了。这些信件当时都没有寄出去，可能玻尔有他自己的考虑。从这些信的内容来看，海森堡并不是那么消极地对待纳粹的核武器计划，他还是很积极的，对国家的自豪感也压倒了作为一个科学家的良知。海森堡过去的朋友高斯密特的反应尤其强烈，毕竟是他亲临前线搜集了一整套德国核计划的资料。他认为要说德国人和盟国同样地清楚原子弹的技术原理和关键参数，那是胡说八道。德国人没搞出原子弹不是因为他们善良，而是因为他们愚蠢。两人在《自然》杂志和报纸上公开辩论，断断续续地打了好多年笔仗，最后私下讲和，不了了之。不光是海森堡，魏扎克也跳出来啦，说我们德国人可没搞原子弹，都是美国人干的。欧洲人民听到这话恐怕都要"喷饭"了。

当然，还是有很多人不相信这些材料。直到英国人在几十年后公开了当年在农园堂的那些录音资料，大家才有了比较客观的依据，不再靠当事人自已刻意的陈述来研究这段历史。大家发现，其实德国人的研究很初级，好多方面要落后美国人好几年。大约在1942年，德国人已经调整了研究方向，从研究核武器改为研究核能源，看样子是核弹这条路走不下去了。主要的一个原因恰恰是出在海森堡身上。

德国战败以后，海森堡他们一直在农园堂关着，就这么过了好几个月。突然有一天，他们从广播里面听到一个消息，美国人在日本广岛扔了原子弹。美国人当时发表的公告大概是这么说的："这是取自宇宙间的基本力量，我们把它释放出来，惩罚那些在远东发动战争的人……"海森堡心里一激灵，对同伴说，美国人真有钱啊，我以为他们能有十几吨上好的纯铀，没想到他们居然有十几吨上好的纯铀235，这两者差了140倍。海森堡被美国人惊到了。

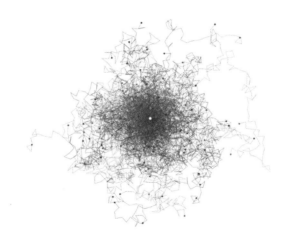

图17-1 如果每走一步随机拐个弯，测试次数多了，就会在大约这个范围内得到类似的效果

当年，海森堡在计算核材料的临界质量的时候，大约估计了一下，假如要完成一次核爆炸，那么链式反应至少要进行大约80次。中子打碎一个铀235的原子核，这个原子核碎了以后，产生的次级中子还能再撞到别的原子核，这种连锁反应需要连续进行起码80次。要想能够实现这种多米诺骨牌式

的连锁反应，铀235原子必须足够多。折算起来就需要一个临界质量，这块纯铀235必须达到一定的重量才行。海森堡当然知道这东西该怎么算了，他把这个问题简化了一下，简化成了一个很经典的数学问题，叫"醉汉走路"问题（图17-1）。

假设有个醉汉喝多了，走路直打晃，每走一步都要随机拐个弯。那么他走了80步以后，最有可能走出多大的范围呢？对于海森堡来讲这显然是轻轻松松就能搞定的事。他计算出这个范围半径大约是54厘米。也就是说，要完成80步的链式反应，起码需要直径1.08米的一个纯铀235的圆球才行。那么直径1.08米的一个铀235的球要多重呢？14吨。铀元素的比重比黄金还要大一点儿。

14吨的纯铀235，战时的德国上哪儿找去。海森堡就找了军备部长施佩尔，说这玩意玩不转啊，可能性不大。所以他一听说美国人扔了原子弹，心头一颤。后来想想觉得不对劲，美国是用轰炸机投放的原子弹，最大的B29载弹量不过是10吨，假如光核材料就需要14吨，再加上外围装置，原子弹肯定更重，轰炸机根本就扛不动。美国人是怎么把这么重的东西给弄到日本去的？后来得知美国的原子弹没那么重，也就4吨，海森堡傻了，美国人仅仅用了60千克的铀235就搞出了原子弹。

美国人早就知道，很少的铀就可以搞出原子弹，即使纯度不高，也只需要大概几百千克。英国人下决心搞代号"合金管"的核计划，也是在搞清了临界质量的基础之上的。战争时期，要是核材料重量高不可攀，英国也没那个胆子去动这个心眼。美英两国心里都有底，唯独德国人不清楚。把这个数给算错的人，还恰恰就是大名鼎鼎的海森堡，20世纪最伟大的物理学家之一。

这是个低级错误，哈恩得知海森堡当年算错了，就忍不住手指着海森堡一顿数落："你不是一流的物理学家，你连三流都算不上，你根本不入流。"我认为哈恩说得不对，海森堡仍然是世界最出色的物理学家之一，但他是个糟糕的工程师，科学家和工程师其实是两个行当，是不能随便反串的。

海森堡从小就心高气傲，三年时间就完成了整个大学的课程，从高中生直接变博士生。年纪轻轻就开创了矩阵力学，名动天下。现在你告诉他，他算错了一个简单的数学题，他打死都不信啊。他的自尊心受到严重伤害，他连自己错在哪儿都不知道。

不仅仅是他不知道，整个德国原子弹工程的参与者都没想到海森堡算错了。这说明，整个德国物理学界对于影响核裂变反应的各种复杂因素，当时并不是特别清楚。举一个例子，在核材料外边加上中子反射层，就可以大大提高中子数，相应的，铀235材料就不需要那么多了，可以大大减小临界质量。海森堡他们对此是不清楚的，降低临界质量的办法还有很多。

图17-2 这种测试被费曼称为"捏龙尾巴"，可能中文里最贴切的说法是"摸老虎屁股"

美国人在搞核临界反应的时候出过事故，而且还不止一回。最出名的一次是路易斯·亚历山大·斯洛廷。当时他正在向几个工作人员演示建立金属临界装置的技术。这个系统是由一个带反射层的钚金属球组成，用铍做反射层（图17-2）。假如不关闭反射层，也就是说不把上半截半球给扣上，那么下半部的钚核心是根本不够临界质量的。演示中，上部最后一个铍半球壳正缓慢下降就位，随着反射层逐渐到位，钚的核反应开始加剧，反射层可以使得临界质量减小，原本不够临界质量的钚核心，扣上反射层以后，就够了临界质量。上半球壳一端正与下部铍半球壳接触，进行演示的斯洛廷正用左手大拇指插入球壳极点的开口处，握住上部半球壳，千万不能给盖死。这个时候他手滑了，两个铍半球合上了。这一滑不要紧，核反应开始加剧。等他赶紧把反射层掰开时，已经晚了，所有人都受到了极强的核辐射。斯洛廷受的辐射剂量最大，在9天后去世了，在场的所有人都在几个月内去世（图17-3）。由此可见，反射层能够起很大的作用，这已经是战后的事了。

图17-3 根据远近，在场的人都在或长或短的时间内去世了

各种因素归总起来，不需要十几吨的纯铀235才能搞原子弹，大概几十千克就够了，具体重量跟纯度有关系。钚要得更少了。海森堡在农园堂关着，到这会儿，他脑子突然开窍了。就在美国扔长崎那颗原子弹的时候，他大概找到了正确的计算方法。到了日本投降的时候，他大致算出了正确的数值。他悔得肠子都青了，这是一个低级错误。不过好在他当时算错了，不然英国人还能好吃好喝招待他吗，不把他当战犯关起来就不错了。

不仅德国有核计划，日本也有。领头的也是老熟人，就是当年海森堡到日本访问，接待过他的那位仁科芳雄。不过日本的核计划更不靠谱，连门都没入。广岛炸了一颗原子弹，美国人当时就广播了，这是原子弹，日本军方还不信呢，找仁科芳雄来问。仁科芳雄说有可能吧，美国人有钱啊。他去广岛勘察实际情况，到东京换飞机，看见天上有几架美国轰炸机（图17-4），几个人立马就吓得钻了防空洞，东京人还笑话他们，几架飞机就能吓成那样儿，扔不了几颗炸弹，我们有经验。仁科芳雄心里说，昨天起你们的经验全部作废，现在一颗炸弹就能拆一座城。

图17-4 B29轰炸日本

后来日本军方跟他说，号召男女老少齐上阵，拼死抵抗争取半年时间，你们能不能搞出原子弹？仁科芳雄说，你饶了我吧！别说6个月，就是6年都搞不出来，死了这份儿心吧。但是我估计美国只够造一颗原子弹，扔了就没了，造原子弹很贵的，美国人也未必造得起两颗。所以铃木首相对于《波茨坦公告》没理会，来了个日本式的"默杀"。没几天，美国又扔了一颗。哎呀妈呀！美国人到底有多少原子弹啊？怎么扔起来没完啊。同一天，日本关东军遭到苏联红军的毁灭性打击。日本一看完蛋了，投降吧，从此，二战正式结束。

苏联这边儿其实早就知道美国的原子弹工程了。美国人一炸，苏联人也立刻加紧了自己的核计划，行政负责人就是特务头子贝利亚。他想找卡皮查来当技术负责人，卡皮查咬牙发狠就是不干，后来还被穿小鞋，丢了工作在家蹲着。不过贝利亚也没拿他怎么样。总之，一场世界大战终于结束了。但是欧洲已经彻底打残，曾经那么辉煌的哥廷根大学衰落了，哥本哈根理论物理研究所也不复当年的兴旺景象。海森堡这一批人最终回了家，参与战后重建，但是很多人被带到美国再也回不来了。比如以冯·布劳恩为代表的一批德国火箭专家，全都留下来，为美国的火箭技术发挥自己的聪明才智。阿波罗登月的时候，布劳恩是火箭的总设计师。美国人在电视上看到他的面庞，听着他德国口音的英语介绍，全然忘了他曾经是纳粹战犯。

　　美国人也不是没犯过错误，他们把一个德国裁缝抓到了美国，怀疑他是研究核物理的。那人坚持自己只是个裁缝，美国人审问他，他死也不承认自己懂物理。后来拿来针线包，拿来布料，他还真能飞针走线缝衣服。美国人顿时傻眼了，看来真是搞错了。他们本来是想抓海森堡的师弟约旦，没想到把一个同名同姓的裁缝给抓来了！瞧这事闹的！

18.原子弹之父奥本海默

　　战后的格局乱糟糟的，各种力量都在重新协调中慢慢归于安静。大家终于可以喘口气了，这时候又出大事了，摊上大事的人正是原子弹之父奥本海默。

　　奥本海默可是美国原子弹工程最大的功臣之一。他战后拿的荣誉不计其数，勋章就拿了一大堆。奥本海默获得的各种头衔有20多个，荣誉证书啊，表扬信啊收了有一大柜子。还有专门的秘书人员来帮他整理这些东西，还从报纸上剪下一堆的剪报，都是有关奥本海默的。说实话，奥本海默自己也有点儿飘飘然，他做学术研究的时间也是越来越少了，还到处做学术访问，显然是个大忙人。他带着夫人跑来跑去，欧洲去一趟，南美再跑一趟。名气大嘛，到处都有人请他。他的科学家朋友，还有那些同事，都发现奥本海默最近"抖"起来了，回来说话的架势都不一样了。他经常眉飞色舞地跟同事说，自己刚跟艾克聊过天。艾克是谁？艾森豪威尔，欧洲盟军总司令。前些天还跟乔治见过面，乔治是谁？乔治·马歇尔，陆军参谋长，后来当过国防部长，国务卿。这都是五星上将级别的人。你也可以想象，有这么个朋友老是跟你说这帮子大人物的昵称，而且还显得特亲密的样子，作为普通人的我们自己，那肯定是觉得不对劲了，这人抖起来了。所以奥本海默的很多科学家朋友都开始慢慢疏远他，不冷不热地保持距离。

　　跟奥本海默矛盾比较大的人是爱德华·泰勒。这家伙一门心思搞超级炸弹，也就是氢弹，俩人为这事没少吵架，闹得很不愉快。奥本海默觉得先搞原子弹，泰勒想先搞氢弹，俩人就争起来了。已经战后了，这事原本没那么急迫，但是为了跟苏联竞争，还放松不得。就在这时候，赶上美国出现了一位臭名昭著的参议员，此人叫作麦卡锡。就是他到处鼓动渲染共产党的威胁。

美国国内的情绪气氛也很不正常，战后爆发了好多罢工，麦卡锡就渲染说是被共产党渗透。联邦调查局可是乐开了花，到处抓人。国会组织非美委员会到处调查所谓的共产党渗透，麦卡锡参议员是大头目，手里拿着一份子虚乌有的名单到处乱挥。好多人遭到审查，比如大名鼎鼎的卓别林，被批评"左倾"，赶出美国，去了瑞士。爱因斯坦也被骂，但是爱因斯坦是老油条了，人家根本不在乎。跟苏联沾边的都要审查，跟中国沾边的都要审查。华人那张脸又藏不住，好多华裔受到无端指责，最著名的就是后来的中国火箭之父钱学森。还有好多书籍被列为禁书，就连马克·吐温的书也被列为危险作品。最可笑的是美国小姐选美，也要谈论一下对卡尔·马克思的看法。这哪儿挨得上啊！

麦卡锡主义的泛滥，背后有非常深刻的社会原因。只要人们对某种东西恐惧，就一定会有人靠渲染这种恐惧来趁机扩大自己的权力。麦卡锡参议员如此，联邦调查局的埃德加·胡佛局长也是如此。这招古往今来，屡试不爽！

很遗憾，奥本海默早就被联邦调查局盯上了，已经有点儿捕风捉影的意味了。他早年追求过的女孩认识几个美国共产党员。其实要是这么算，谁都能找到关系。联邦调查局不放过这一切。胡佛局长背后收集的黑材料就整理了一大本，复印出来，人手一册，直接放到总统案头上，把艾森豪威尔总统吓了一跳。当时奥本海默在英国访问，他 12 月回来想在家里舒舒服服地过个圣诞节，忽然接到通知，必须在圣诞节前到华盛顿来一趟。

奥本海默不知道发生了什么，去了一看，简直是三堂会审。一帮人开始列举他的罪状，前面 23 条列举的都是他跟共产党的瓜葛，都是七拐八弯的关系，第 24 条是列举他反对原子弹，这是标准的颠倒黑白（图 18-1）。

图18-1 奥本海默在非美活动委员会作证

这伙人下了结论，你这家伙不可靠，识相点儿，还是自己辞职吧。要么辞职，要么就接受委员会的调查。奥本海默不愿就这么不明不白地辞职，他宁可接受忠诚度调查委员会的调查。不管怎样，他接触机密材料的资格被撤销了，几个原子能委员会的安保官员还到他家里抄走了不少资料。

最后，奥本海默接受了三个星期的调查。说是行政调查，其实跟审判差不多，好多证人出席作证，其中就有泰勒。别的科学家都站在奥本海默一边，唯独泰勒跟奥本海默不对付。问他有关奥本海默的事，他前半句倒是还中肯，说没发现奥本海默干什么对于美国不利的事。可又说奥本海默只会装模作样，而且行为混乱，他觉得，这么重要的事最好是交给靠谱的其他人去管。言下之意，你要把他调开的话，那更好。后来人们评价：氢弹之父，出卖了原子弹之父。

从此，科学界的人见了泰勒都像避瘟疫一样绕着走，大家齐刷刷地站在奥本海默这一边，都鄙视泰勒的行为。泰勒也苦恼，最后不得不去见自己最好的朋友费米教授（图18-2）。他去见费米时的气氛很特别，现场甚至能让人感到一股死亡的气息。地点是在费米的病房里，费米同时得了两种癌症，这与他常年摆弄放射性物质有关。居里夫人就是因为摆弄放射性物质太多，最后得了白血病去世的。费米为了原子物理付出了太多太多。

图18-2 泰勒和费米（1951年）

　　泰勒简直是以忏悔的心情在跟费米谈话。费米最后决定帮助泰勒一下，可能这也是他这辈子最后一次帮人的忙了。他在《科学》杂志上发表了一篇文章，回顾氢弹的制造历程，写得很感人。大家看在费米的面子上，就不再绕着泰勒走了，跟泰勒恢复了交往。但是许多人内心并没有原谅泰勒，还是觉得他是个叛徒。

　　1954年11月28日，费米不幸去世，年仅53岁就离开了这个世界，可以算是英年早逝。他1901年出生，跟海森堡他们几个年龄相仿，是20世纪的"00后"，他们也是量子物理的开创者。费米在理论和实验方面都有一流建树，这在现代物理学家中是屈指可数的，杨振宁和李政道都曾受教于他。李政道刚跟着费米学习的时候，有一次费米问李政道，知不知道太阳核心的温度，李政道说应该是一千万摄氏度左右。费米继续问，你怎么知道的？李政道说大家都这么说，想来没错吧。费米又问，你自己核算过吗？李政道说这里有光强和核心内对流引起的能量产生的两个关联方程，所以比较复杂，不容易计算。费米追问，你怎么知道这答案是正确的。李政道写出了方程，给他演示了能量转换的规律与温度的3.5次方成正比，而能量产生与温度的大约16次方成正比。费米说：你不能依靠别人的计算结果，你必须自己核准才能接受。

师徒俩就开始自己动手计算。为了方便计算，费米领着学生制造了一把巨大的计算尺，大约有1.5米长。费米木匠活儿干得还真不赖，要不人家理论和实验两手抓两手都很硬呢。两个人大约一个钟头就把结果给算出来了，太阳核心温度真的是大约一千万摄氏度。这是李政道追忆老师费米时讲的一段往事。有这样一个好老师，也可想而知他能培养出多少好学生。可惜，费米去世得太早了，他走在了一大批前辈前面，这不能不说是一件遗憾的事。

我们来大致盘点一下这些物理学前辈。卢瑟福桃李满天下，跟他沾边的有11个人拿了诺贝尔奖。但是他没看到二战爆发，也没看到原子弹的威力，已经于1937年去世了，享年66岁。接下来是普朗克老爷子，他家大儿子一战时战死，小儿子因为参与暗杀希特勒的活动而被处决，两个女儿都是生孩子的时候去世的。普朗克总是白发人送黑发人。躲避盟军轰炸的日子，普朗克也过得很狼狈，在吕瓦尔德的房子被炸，书籍、手稿、记了几十年的日记，全部被毁。普朗克还坚持到处讲学，路上遇到轰炸也是家常便饭，甚至差点被埋在避弹壕里，他去的地方总是不幸碰上战火。想想也是，整个德国又哪里能放得下一张平静的讲台呢，普朗克甚至躲在草堆里过夜，忍受饥寒交迫。80多岁的人，患有脊椎粘连，时常痛苦得高声喊叫。他1947年去世，活到了89岁高龄。

1951年，索末菲带着两个孙子过马路时被一辆飞驰的汽车撞倒了，祖孙三人一起身亡，他享年83岁。他培养出4个诺贝尔奖得主：德拜、海森堡、泡利、贝特。索末菲也是一位非常优秀的好老师。上帝之鞭泡利对别人从来不客气，唯独对恩师索末菲毕恭毕敬，可见老爷子的威望。这几位都是老一辈的物理学家。

奥本海默自打1947年开始就在普林斯顿高级研究所当所长，原子弹那么大的工程都管下来了，管个研究所还不是手到擒来。闹了一场风波以后，他也就回归学术圈子。其他很多科学家也都回归了学术圈。

图18-3 爱因斯坦七十大寿

奥本海默手下可是能人辈出。老爷子爱因斯坦在普林斯顿，他正冥思苦想统一场问题，后半辈子都没能搞定（图18-3）。爱因斯坦老了，他每天都会等着哥德尔一起下班，这一老一少喜欢边聊边走，夕阳中两人的背影是普林斯顿一道独特的风景。哥德尔最出名的是他的不完备定理，但是他受到爱因斯坦的影响，开始在相对论方面下功夫。数学家搞物理，往往数学工具掌握得比别人熟练。爱因斯坦后来的好多思想都受到了哥德尔的启发，比如时间旅行。

前一阵子泡利也在普林斯顿，不过那时候奥本海默还没当所长。泡利1945年获得了诺贝尔奖，普林斯顿的同事为他举办了一个庆祝会。在会上，爱因斯坦出人意料地发表了简短的祝贺。后来查史料发现，爱因斯坦写信给诺奖委员会推荐了泡利。信起了多大作用不好说，爱因斯坦想必是觉得泡利不拿奖，对不起这么聪明的脑瓜子。到了1946年，泡利回了苏黎世联邦工业大学，这也是爱因斯坦的母校，不过他还是常来美国的。

海森堡呢？他们一伙8个人都被盟军给抓了，过了好久才放出来，也没把他们怎么样，战后的欧洲还需要他们。欧洲已经是风光不再，威廉皇帝化学研究所已经成了个空壳子。普朗克老爷子跟盟军磨嘴皮子，坚决要把研究所扛起来。盟军首先就要他们改名字，不能带军国主义色彩。普朗克去世之后，海森堡等人咬牙坚持下来，1948年，研究所改名为马克斯·普朗克研究会，还是别叫啥"威廉皇帝"了，现在没有神仙和皇帝，用科学家的名字来命名是最靠谱的。

海森堡还经常和泡利一起研究问题，不过俩人也有吵得不可开交的时候。俩人岁数都大了，精力大不如前，不像当年小伙子的时候活蹦乱跳的。那个薛定谔哪儿去了？他倒是很早就去了牛津大学，后来辗转来到爱尔兰的都柏林大学，一猫就是17年，后来还是回了维也纳。他的岁数比海森堡他们大好多，早就干不动了，倒是把精力投入到更广阔的地方去，写了一本书叫《生命是什么——活细胞的物理面貌》。伏尔泰说"生命在于运动"，薛定谔说生命在于"负熵"，就是热力学里面的熵。这本书对后来不少搞分子生物学的人都有巨大影响。战争时期培养的大批理工科人才，战后显得有些过剩，不少人受到薛定谔的感召，转行投身生物学领域。某种程度上，薛定谔可以说是分子生物学的先驱。

狄拉克还是一篇篇地发论文。他1932年开始担任一个最著名的教席职位——剑桥大学卢卡斯数学讲座教授。要知道，第二任卢卡斯数学讲座教授就是大名鼎鼎的艾萨克·牛顿爵士。狄拉克当上卢卡斯数学教授的时候还很年轻，不过是个30出头的小伙子，这一干就是几十年。照规矩，卢卡斯数学讲座教授年满67岁就退休，狄拉克一直干到了67岁。接他班的是詹姆斯·莱特希尔，再接下去就是大名鼎鼎的霍金。

狄拉克是量子电动力学和量子场论的创始人，主要的任务就是整合狭义相对论和量子论。狄拉克就是用他的方程预言了反粒子的存在。但是让人头痛的是，随着研究的深入，量子电动力学会出现发散的情况。这个问题，最终是几个后生小子给解决的。谁来解决这个问题呢？其中居然有个过去的敌人，一个日本人……

19.量子电动力学三杰

　　秃笔一枝，难表两家之事。我们要回到20世纪30年代，从几个日本人开始讲起。对于强相互作用的研究其实从那时就开始了。量子物理一开始是为了研究原子光谱，无论是玻尔、索末菲、海森堡和薛定谔，都为了计算原子光谱而发愁，原子光谱涉及原子模型以及电子的各种特性，早期量子力学几乎都是围着电子与光子打转，搞来搞去也都是围绕电磁的相互作用展开的。

图19-1 年轻的汤川秀树

　　就在查德威克发现中子以后，大家都很好奇，原来原子核是由质子和中子构成的。中子是不带电的，彼此抱团不成问题，但是质子是带正电的，彼此之间相互排斥，到底是什么样的力量能把大家黏在一起，克服电磁力的作用呢？有一个人对此很着迷，以至于辗转反侧睡不着觉。这个人就是日本的汤川秀树（图19-1）。

汤川秀树出生在日本的一个书香门第。他父亲是京都大学的教授，在地质学和地理学方面都有建树。汤川秀树从小就喜爱各种各样的知识，考古、书画、围棋、刀剑，还特别喜欢中国文化。日本人受中国影响还是很深的。他爹也开明，让孩子自己选择将来的发展前途，汤川秀树就把目标选定在了物理学。那时候日本还相对落后，汤川就拼命收集各种资料，他特别喜欢搜集量子力学方面的资料，自己啃遍了德国的论文，海森堡、薛定谔的论文都啃了一遍，他隐隐约约地觉得，矩阵力学和波动力学应该是可以统一的。后来看到了玻恩的几率解释，觉得是跟自己想到一块儿去了。

1932年，他担任讲师，当的是无薪助教，那时候正碰上大萧条，他不要薪水才勉强弄到个职位。他后来回忆，正是大萧条造就了学者。那时候正是量子力学的快速成长期，原子核的奥秘也在一点点揭开。那时候他满脑子都在琢磨原子核的奥秘，白天迷迷糊糊，夜里俩眼瞪着天花板无法入睡，常常失眠，勉强迷糊一会儿天就亮了。白天依然发困，又迷迷糊糊地过了一天，就在他半夜似睡非睡的时候，脑子里经常会蹦出各种原子核的模型，早上起来，又都记不清楚了。他特别在枕边备着纸笔，希望把这些乍现的灵光记录下来，还真记下来一大堆奇思妙想，等白天仔细一推敲，又发现全都不靠谱。做梦获得的灵感并不是那么管用，毕竟人的思考还是不能全靠开脑洞。

汤川君仍然锲而不舍，他一直在思考，到底是什么样的物理作用在捆绑着原子核里面的质子呢？电磁场方面已经比较成熟了，狄拉克他们一帮人在搞电磁场的量子化。电磁作用基本上可以认为是不断地交换光子而产生相互作用的。电磁场方程经过量子化处理可以明显看出这一点，而电磁力则依靠交换虚光子来传递相互作用。虚光子无法直接检测，所以才叫作"虚光子"。汤川就在想，是不是核子之间也是通过传递一种粒子来产生相互作用的呢？海森堡已经提到过，核子之间的作用力应该是交换力，依靠交换粒子产生的相互作用。

1933年4月在仙台的一次会议上，汤川递交了他的论文。他认为核力应该是一种短程力，是交换电子产生的。结果被仁科芳雄批评了一顿，因为仁科芳雄知道，交换电子根本不够用，电子的质量太小了。1934年，汤川从一本杂志上看到费米的文章，说电子中微子可以当作交换粒子来用，很多方面比汤川君想得详细多了。但是电子中微子的质量太小了，根本就产生不了那么强大的核力，这事让汤川秀树白高兴一场。

后来，汤川提出了他的理论，他认为质子、中子这种核子是彼此交换一种比电子要重、但是比核子轻得多的粒子来产生相互作用的，这样原子核才能不散架。这个粒子绝对不是已知的粒子，已知的粒子没一个够格。但是，问题跟着就来了，到底这个粒子有多大呢？汤川君，你说的这个粒子能不能观测啊？到底有多大啊？要是不知道大小，那如何去做实验检测呢？就好比警察抓犯人，你不给个体貌特征，让警察上哪儿抓去啊？

面对这一连串的问题，汤川秀树很巧妙地解决了。汤川计算出来，这个粒子应该有两百个电子质量。这个两百倍的电子质量是怎么估算出来的呢？说来很简单，靠的正是海森堡大名鼎鼎的测不准原理。这倒奇怪了，测不准原理居然能测准东西？这是怎么回事？原来，汤川君并不是要精确计算介子的质量，他只是估算一下大概多重，那么只要数量级不错就可以。我们知道，测不准原理有一个表述是能量误差和时间误差相乘，大概是普朗克常数这个量级，数学表述就是 $\Delta E \Delta t \geqslant h/4\pi$。一个过程，时间测量越是精确，那么能量就越测不准。反之亦然，能量测量越精确，那么时间就测不准，但是毛估一下数量级还是可以做得到的。介子就在原子核里面活动，想来活动范围就是一个原子的直径。我们不知道它的运动速度，满打满算以光速运动来算，那么时间就可以大致确定，然后就可以反推出来有多大的能量级别。根据能量公式，就是大名鼎鼎的$E=mc^2$，就可以估算出介子的质量。计算以后，得到结果大约是200个电子质量。可以带正电，也可以带负电，也可以不带电。

在当时，没人喜欢一种从未看到过的新粒子。1937年，玻尔访问日本，他并不认可汤川秀树的假设，海森堡也不同意汤川。汤川把论文寄给美国的《物理评论杂志》，当时小有名气的奥本海默抬手就给扔一边儿去了。要想

209

让人们承认，必须在实验室里面找到这种粒子，那样大家就都没话说了，心服口服。可是想弄出这个粒子，需要很大的能量。那年头加速器还是草创期，搞不了多大。第一个加速器只有12厘米大，端在手里都可以，那么只有去研究宇宙射线了。宇宙射线能量很大，说不定能发现这粒子的踪迹。

1936年，美国人安德森和尼德迈耶发现在宇宙射线里面有一种粒子，质量明显比电子大得多，但是又比质子小得多，这是什么？大家一无所知。他们写成论文发表了。汤川君当然心里乐开了花，这不就是自己预言的那个粒子吗！他写了份论文，寄给了英国的《自然》杂志，人家直接给拒了。倒是印度一位物理学家给汤川君点了个赞。他发表了论文，给汤川君的这个粒子起名字叫"介子"。汤川的理论逐渐得到了大家的认可。

研究粒子的物理学家继续深入研究下去，发现这粒子跟汤川的预言对不上茬。三个意大利物理学家为了躲避德国人的抓捕，躲到一个地下室小黑屋里不敢出去，只好在小黑屋里面闷头计算，别的事恐怕也没法干。于是，他们发现这个粒子并不是汤川粒子。

整个大战期间，好多事都被耽误了。物理学界要么去造原子弹了，要么没有了科研经费，只能自己在家憋着。一直到了战后，大家才喘了口气，回归书斋继续做科学研究。1947年，英国人用气球吊了个照相设备到高空，在高空拍摄到了清晰的宇宙射线轨迹。有一个轨迹很奇怪，一个粒子的轨迹，在半途中发生了改变，好像变轻了一点儿。那时候，汤川一伙日本人已经跟美国的马沙和贝特不约而同地提出了双介子理论，就是说介子不止一种。这回英国人的照片清晰地显示出了这一点。一个 π 介子，在途中变成了另外一种 μ 介子，π 介子才是汤川当初预言的那种粒子，安德森用威尔逊云室观测到的是 μ 介子。后来意大利人闷头在小黑屋里面算出的就是这个 μ 介子。到了1949年，汤川因此获得了诺贝尔物理学奖，这也是第一个获得诺奖的日本人。更让日本人自豪的是，这个汤川可是日本自己培养的"土鳖"，土生土长没留过学。得了奖以后，奥本海默立刻把汤川君请到了普林斯顿（图19-2）。人出名了境遇自然不一样。奥本海默当年可不是这么客气的，默默无闻的汤川君的论文当时可是被他扔一边去了。

图19-2 汤川秀树在美国

二战期间，大批日本科学家都参加了军事科技的研究，仁科芳雄就算一个。日本也想搞核计划，最后没搞出来，领头的就是这个仁科芳雄。全国总动员，跟军事挨不上边的，那就只能一边儿凉快去了。有一位物理学家就不得不去研究磁控管，这东西是做大功率无线电设备的关键器件，特别是雷达设备很需要这种东西。他还写了一篇有关磁控管的论文。不过他还是呼吁，再艰难也要搞学术研究，不能白白浪费时光。此人就是汤川秀树的同学，他叫朝永振一郎（图19-3）。

这位朝永振一郎跟汤川秀树可不一样，他父亲是西洋哲学的研究者朝永三十郎。朝永振一郎出生于京都，第三高等学校毕业后进入京都帝国大学理学院物理学系就读，后来在仁科芳雄手下搞研究。他1937年出国留学，在海森堡的指导之下学习量子力学和原子物理，是标准的"海归派"，而且师从量子力学开创者，当然非同一般。他跟着海森堡研究原子核的液滴模型，后来回了日本。

图19-3 朝永振一郎展示诺贝尔物理学奖章

　　大约在20世纪40年代，随着物理学的深入发展，一个麻烦始终困扰着物理学界。狄拉克推导出了狄拉克方程，为的是统一协调相对论和量子力学，这个方程还奇迹般地预言了反粒子的存在。狄拉克也对真空给予了重新解释。看上去，一切都很完美。可惜，麻烦来了，麻烦正是出在量子电动力学上，因为量子电动力学是人类有史以来搞的最精确的一门学问，实验误差到了百亿分之一的级别。狄拉克方程预言，氢的2s和2p两个能级其实是一样的。当时的实验精度下，的确是这样。但是，到了二战以后，实验技术大大提高，这主要是大科学工程的功劳，说白了就是原子弹工程的副作用。1947年，兰姆通过实验发现氢的两个能级2s和2p其实有微小的能级差，这被称为"兰姆位移"。兰姆本人因为这次精彩的测量而获得了1955年的诺贝尔奖。

　　出现兰姆位移已经让大家很头痛了，这个误差哪儿来的？一波未平，一波又起，1955年还有一位诺奖得主叫库施，他发现了另一个反常的现象叫"反常磁矩"。他的老师就是拉比学派的创始人拉比，大家对拉比可能不熟悉，但是提到"核磁共振"，大家应该不陌生。基本原理就是这位拉比教授搞出来的。

　　朝永振一郎对此当然都很清楚。1941年，任东京文理科大学物理学教授的时候，他就提出过量子场论的超多时理论。二战的时候他没空，人家当时研究雷达去了。打完仗了，又开始考虑学术问题了。随着实验精确度的提高，对过去的公式进行更精确计算的时候，出现了发散问题。狄拉克还沉浸在当年量子革命的热情之中，期望再掀起一场新的物理学革命。历史证明，解决问题不需要这么大动干戈。

朝永振一郎就在原来的基础之上，提出了一种办法，叫作重正化。论文一发表，大家眼前一亮，为啥呢？因为就在此时，有三个人差不多同时提出了重正化的方案。搞重正化的小组其实还有不少，主要方向就是兰姆位移和反常磁矩。其中一个就是非常顽皮的费曼先生，他搞出了个费曼图。还有一位是非常怪异的施温格（图19-4），这位仁兄好像生活作息昼夜颠倒，下午四点半起床就算难得了，每天的第一顿饭是晚饭，完全是个另类。现在又从日本冒出一个朝永振一郎，他的办法好像也行得通。这三个人的办法好像都行得通，这可真叫人昏倒啊。

图19-4 施温格和P.T.马修斯在罗切斯特会议上交谈

我们先来聊聊这个施温格是个什么样的人物。他是个犹太人，犹太人里面聪明人的确很多。他1918年出生在纽约的一个犹太人家庭，后来上大学也在纽约。施温格从小就天赋异禀，聪明异常，14岁就进了大学。大家大约算算也可以知道，他上大学的时候，正是不确定性、互补原理之类的大辩论的时代，玻尔跟爱因斯坦在索尔维会议上那是唇枪舌剑你来我往好不热闹啊。到了1935年，爱因斯坦早已到了美国。在普林斯顿安顿下来以后，跟助手罗森还有波多尔斯基写了一篇非常著名的论文，提出了所谓的EPR佯谬，也就是爱因斯坦、波多尔斯基、罗森三个人的名字首字母拼成的。薛定谔在欧洲看到这篇论文，一个词儿脱口而出——"量子纠缠"——现在那是非常热门的词儿了。

图19-5 伊西多·艾萨克·拉比，物理学家，核磁共振仪的发明者

施温格跟着老师莫兹常去哥伦比亚大学听讲座，施温格倒是不客气，趴桌子上就睡了。在上边讲课的拉比（图19-5）教授就看见这孩子了，他就奇怪啊，这孩子大老远跑来睡觉的吗？拉比教授就是我们提到过的那个发现核磁共振的那位。这位拉比教授可是眼光独到，跟一般人不同。他下来就问莫兹老师，这孩子叫啥？莫兹就告诉拉比，这孩子叫施温格，可聪明啦。后来，莫兹老师去找拉比讨论问题，就带着施温格，让他在一边旁听。不过这孩子还是老打瞌睡。他们讨论的正是当时比较热门的EPR问题。莫兹跟拉比讨论到一半，卡壳了，有个物理量，他们搞不定。这时候，施温格揉揉眼说话了，他说EPR这篇论文他看过，这个量其实不难搞，然后就吧啦吧啦一顿

解释，三下五除二就给解决了。拉比惊呆了，心说他上那所烂大学简直是埋没人才啊！不行，非要把他刮到哥伦比亚大学。不过施温格不想转学，一堆的小伙伴多开心啊。拉比这个急啊，他心说你那个破学校，物理系主任也没你强，你就别在土里埋着了。

最后，施温格同意转学去哥伦比亚。但是拉比拿到施温格的成绩单一看，脑仁都疼。他心里不断地嘀咕，施温格你成绩怎么这么差！原来是这个施温格从来不好好上课，经常翘课不去，人家习惯白天睡觉晚上蹦起来。有一门课叫作射影几何，几何课那都是需要画图的。当时施温格的老师比较烂，教材也是个普林斯顿的烂人写的，施温格没买教材，压根儿连教材都没有，偶尔借同学的课本看几眼。老师叫他上黑板上去计算，照理说应该用几何的办法解决问题，施温格全用代数微积分从头推到尾，一张图都没画，整整写了一黑板。把老师看得目瞪口呆，直接下课走人。

图19-6 贝特在康奈尔高能同步辐射源骑自行车

施温格就是这么一位牛人！拉比爱才啊，他跟哥伦比亚大学招生办吵起来了。他说，你们按照橄榄球运动员特招行不行啊？人家招生办的为难了，这怎么办啊？最后招生办动用了一切关系为施温格游说，还请贝特（图19-6）为施温格写推荐信。这个写推荐信的贝特也不是凡人，人家1938年解释了恒星的能源是怎么获得的，恒星核反应的详细过程搞得清清楚楚的，1967年拿了诺贝尔物理学奖。他万没想到，他推荐的这个学生比他早两年拿奖。

施温格到了哥伦比亚以后，那是外甥打灯笼——照旧（舅），照样不好好上课。有一门课恰好是乌伦贝克讲的，这个乌伦贝克就是和高斯米特一起发现电子自旋的那一位。乌伦贝克本来都不想让施温格来考试了，直接给他个A就行了。拉比不干，考试还是要考的。施温格派头真大，要考试？行啊，晚上十点半吧。乌伦贝克气得快冒烟了，时间你说了算？不行，早上十点，不来就挂红灯。最后的考试结果让乌伦贝克无话可说，施温格解答得非常棒。

后来，这个施温格在奥本海默的手下干活。奥本海默那时候已经不怎么做实际的工作了，基本上就是当老板的状态。有两人来找奥本海默请教问题，奥本海默当然是高屋建瓴地讲述了一下大约的计算途径，就打发那两个物理学家回去闷头计算了。这番谈话被风刮进了旁边施温格的耳朵，施温格自己闷头算了一夜，终于给算出来了，写到一张纸上，草草塞在了自己衣服兜里。过了半年，那两个物理学家回来了，他们终于算出来了。奥本海默猜到施温格一定算过，就让他去核对这两个人的计算结果。施温格回家一顿翻，把所有衣服兜翻了个遍，终于把那张纸条给找出来了。比对一下那两位的计算结果，发现少了个因子。奥本海默无条件相信施温格，一定是那两位算错了，回去查查，这个因子是不是给弄丢了。可见施温格的数学底子。

后来施温格当教授了，他的作息时间还是与常人颠倒。晚上工作，白天睡觉，人家见不到他的面，只好在他桌子上留条子。有一回，一个同事请教他贝塞尔函数，给他留了个条子。第二天一看，桌上摆着40页的答案，施温格一宿干出来的。仔细核对一下，发现施温格的计算结果有问题。施温格满不在乎地说肯定没问题。最后发现计算的确是有瑕疵的，他用错了一个公式。他很恼火，下次再也不抄书上的公式了，还是自己推算的保险。

施温格很强调场的作用。有次做报告，讲的就是有关场论的东西。大家其实都没太听懂。只有玻尔在下面频频点头，大家也就跟着一起点头。施温格讲完下去，轮到费曼来讲。结果包括玻尔在内，一个都没听懂。玻尔还很不客气地说，你该重新学习量子力学。其实也不是一个都没听懂，有两个人是懂的，一个是贝特，就是我们提到的给施温格写推荐信的那个，他跟费曼比较熟悉，费曼那一套他听过多次了，明白是怎么回事。还有一个人听懂了，那就是费米。施温格有一次做马拉松式的长篇报告，费米特地带着纸笔去的，氢弹之父泰勒也去了。费米一般听报告都不做笔记，那次他做了非常详细的笔记，他觉得施温格的报告非常重要。结果几个人回了芝加哥大学以后召集研究生讨论了一个多月，大家都认为施温格做了重要的工作，但还是没人能搞懂他究竟做了什么。然后有人问，听说费曼也讲了一些东西？三个去开会的人都说对的，费曼讲了一些东西，但是三个人谁也想不起来费曼到底讲了什么……

图19-7 狄拉克和费曼

反正费曼总是被施温格压着一头，费曼也是个绝顶聪明的人。施温格看到朝永振一郎的文章，很快就发现，他们俩的计算其实是等价的，说白了是一回事。但是费曼的东西就不是这样了，费曼图看起来相差就比较大，好像和别人路数不太一样，他发展出了一套新的办法，叫作路径积分，说起来还是受了狄拉克的启发。假如一个粒子从A点走到了B点，它怎么过去的？其实所有的路径都有贡献。路径积分是个非常有效的办法，费曼潜心思考了8年之久。

后来有一次狄拉克到美国访问，费曼见到狄拉克（图19-7）非常兴奋，手舞足蹈地跟狄拉克讲自己的路径积分方法，讲了40分钟，狄拉克习惯性地一言不发，本来他就是个话少的人。好不容易狄拉克打断了费曼的讲述，提了一个问题，费曼高兴坏了，狄拉克终于开口提问题了。结果狄拉克问的问题是哪儿有洗手间？弄得费曼哭笑不得。

图19-8 弗里曼·戴森（1963年）

路径积分比较新颖，大家一时不能理解也是正常的。玻尔就误解了费曼的想法，以为讲的是粒子运动轨迹。但是有人很喜欢费曼的想法，他叫戴森（图19-8）。费曼用路径积分，花了一个晚上就解决了过去用哈密顿正则方法要算一个月的东西。戴森被惊到了，这东西这么灵啊！看来费曼的办法是对的。那么他跟施温格的方法，还有朝永振一郎的办法是啥关系呢？1948年，戴森终于搞明白了，三个人的办法殊途同归，本质上是一回事，表达方式不同而已。路径积分方法也就成为一个被广泛使用的方法。那么量子理论除了海森堡的矩阵表述、薛定谔的波动方程，现在要再加上路径积分表述，三种表述都是等价的。路径积分表述非常简洁明了，过去大家都认为必须再来一场量子革命才能解决这些问题，现在看来，只要打几个补丁就基本上OK了，只剩下几个恼人的发散问题。

　　这个戴森也不是凡人。我们对于他搞的具体的学术领域其实也只知道个大概，但是戴森这个名字很多人都知道。按理说专业领域人士其实没那么大的知名度，戴森有名气是因为他提出了一个科幻作品非常喜欢的概念，叫作"戴森球"。这个戴森就是"戴森球"那个戴森。戴森本人兴趣爱好广泛，涉及领域非常多。他文学作品看得很多，自己动笔写的科普著作也很多。所谓的戴森球，就是宇宙里面的高等文明的能源很可能不够用，它们不得不造个壳子把太阳包起来，反正它们有本事把整个恒星的能源全都占为己有。这个东西，就是戴森1960年提出来的。他觉得外星人要是科学发达的话，说不定会干这种事。科幻作家很喜欢这东西，科幻迷也很喜欢，最近发现了一颗恒星周围有不规则的光度变化，大家就觉得像是外星人造的戴森球。这东西反正也没个定论，目前看来不是。

　　大约就是在战后的这段时间里，物理学领域出现了不少新东西。如果把20世纪分为4个25年的话，在第一个25年里冒出了一大群天才，爱因斯坦、玻尔、海森堡、薛定谔等一大批人都属于这一代；第二个25年就被经济危机和二战给耽误了；第三个25年里将迎来20世纪物理学的下半场，费曼、施温格、朝永振一郎以及后面要提到的杨振宁、李政道等这一批人都是属于下半场的佼佼者。诺贝尔奖的反应速度一般是很慢的，反应迅速的是少数，做出了科学贡献的天才们往往要等到垂垂老矣才能获得诺贝尔奖的垂青。费曼、施温格、朝永振一郎也要拖到1965年才会共同获得诺贝尔奖（图19-9）。

图19-9 1965年诺贝尔奖获奖者合照，不知为什么缺了朝永振一郎

不过诺奖的反应迟钝也给大家留出了充裕的时间去静观其变，这样的延迟机制也使得充满功利思想的浮躁者没了盼头，也断了念想。到底一个成就能不能经受住时间的检验，只有花时间去等了。晚年的爱因斯坦倒是经常扮演磨刀石的角色，他通常会反对很多新东西，要过他的这道关卡自然是很难很难。惠勒拿着费曼的东西给爱因斯坦去看，费曼的思路跟早年的爱因斯坦比较相似，但是跟晚年的爱因斯坦差得很远。爱因斯坦还是一晃脑袋，觉得不靠谱，他毕竟是老了。1955年4月13日，他在草拟一篇电视讲话稿时严重腹痛，后被诊断为动脉出血。4月15日进了普林斯顿医院。4月18日，爱因斯坦被诊断出患有主动脉瘤，18日午夜，他在睡梦中感到呼吸困难，主动脉瘤破裂导致脑溢血，逝世于普林斯顿，享年76岁。因为值夜班的护士不懂德语，这位世纪天才在弥留之际留给人类的最后遗言成了永远的谜。

大家遵照爱因斯坦的遗嘱，他死后并没有举行任何丧礼，不筑坟墓，不立纪念碑，遗体依照遗嘱被火化了，骨灰撒在永远保密的地方，他不希望自己的墓成为圣地。20世纪最伟大的物理学家停止了思考，就这么悄悄地离开了这个世界。其实人们不需要有形的纪念碑，物理学就是最好的纪念碑。最终他还是没有承认量子力学的完备性。他总是在想，现在的量子力学是不是缺了点儿什么，是不是还有隐变量没有被发现。很遗憾，在这个问题上他是错的。

　　爱因斯坦的去世，标志着一个时代的落幕。爱因斯坦推动了整个物理学的一场革命，这一场革命是自他1905年发表《论运动物体的电动力学》开始的。自那以后，相对论和量子力学大大改变了物理学的基本面貌。现在爱因斯坦的去世，基本意味着这场革命已经大幕低垂。随着时间的推移，很多人也将一一谢幕。

　　让人想不到的是，下一个谢幕的竟然是他……

20. 不平衡的宇宙

中学物理课上少不了要做实验。实验室的老师总是怕孩子们一不小心捅出啥娄子来。当然啦，物理实验还是比化学实验稍微放心一点儿。化学实验要么怕啥化学药品出问题，要么怕孩子们毛手毛脚地打碎了烧杯试管之类的。到了大学以后呢，大家都是成年人了，这方面倒是不必担心了。但是有这么一位，到了实验室以后，动不动就噼啪作响，总要出一些不大不小的事故。他在实验室搞了20个月，不到两年的时间，彻底没信心了，感觉自己还是不适合做实验。这人是谁？他就是我们都很熟悉的杨振宁。

图20-1 西南联大的大门

杨振宁上大学的时候，正是战火纷飞的年代，他上的是著名的西南联大（图20-1）。抗战时期，西南联大根本没有搞复杂实验的条件，所以他到了美国，就跟着费米搞实验物理。费米在芝加哥大学，芝加哥大学当时汇集一批物理学的精英，同在芝加哥大学的还有杨振宁的同胞李政道，他们俩都是费米的学生。费米教授很忙，因为他参与了美国的国家绝密军事项目。他搞的实验外国人是不能参加的，也就没法带着杨振宁做实验了。正好艾里逊在搞40万电子伏特的加速器，费米就推荐杨振宁去了艾里逊门下。结果，艾里逊的实验室就传出一个笑话，杨振宁出现在哪里，哪里就有爆炸。杨振宁搞得非常不顺利，他自己也着急，回头论文拿不出来怎么办啊。这时候，一个冷眼旁观的人出手了，此人就是氢弹之父爱德华·泰勒（图20-2）。泰勒一直关注着杨振宁，有一天，他就问杨振宁，实验是不是搞不定啊？杨振宁一脸诚恳，是啊，这事搞不定啊。泰勒开口了："我认为你不必坚持一定要写一篇实验论文，你已经写了一篇理论论文，我建议你把它充实一下作为博士论文，我可以做你的导师。"

图20-2 1982年，杨振宁再遇当年的恩师爱德华·泰勒

要不说泰勒慧眼识才呢，杨振宁真的不适合搞实验，但是在理论物理方面，那可是一把好手。1949年，杨振宁进入普林斯顿高等研究院进行博士后研究工作，开始同李政道合作。当时的院长奥本海默说，他最喜欢看到的景象就是杨、李走在普林斯顿草地上。杨振宁刚到普林斯顿的时候，到处找房子住，正好看到个空房子，原来是数学家外尔搬走了，杨振宁就接着租。杨振宁当时一定不会想到，他不仅仅在租房子上接了外尔的班，学术上也是一样。1953年，杨振宁去了布鲁克海文国家实验室，这个实验室那可是名声在外，它隶属美国能源部，诞生了5个诺贝尔奖，可见有多厉害。

　　杨振宁在布鲁克海文跟另一个人同一间办公室，这个人叫米尔斯。当时正是大造加速器的时代，布鲁克海文国家实验室就在搞加速器。布鲁克海文实验室有当时最大的加速器，能量高达3GEV，它能产生π介子和各种各样的"奇异粒子"。实验物理学家们心里可是乐开花了。到了20世纪60年代，好家伙，各种基本粒子有200多个。要么是研究宇宙射线发现的，要么就是大型对撞机里撞出来的。理论物理学家可是彻底懵圈了，哪儿蹦出来这么多基本粒子？我们前面已经提到，量子力学的研究起点就是研究电子轨道的问题。主要描述的是电磁相互作用，研究的粒子也是极其有限的，比如电子、光子之类的。后来研究原子核，发现里面还有质子和中子。但是质子和中子并不是基本粒子，它们其实内部还有结构。大型强子对撞机一撞，啥玩意都冒出来了。狄拉克开创，费曼、施温格、朝永振一郎向前大大推进的量子电动力学在处理电磁相互作用的时候那是大显神威，可是拿来处理其他相互作用，可就不好使了，比如强相互作用和弱相互作用。一大堆问题就摆在了理论物理学家面前。

　　不管事有多少，看上去千头万绪，总要一桩桩一件件去处理。杨振宁就感觉应该有一种统一的理论来解决现在碰到的问题。他就把注意力集中到了外尔的工作上。外尔本来是数学家，数学底子特别好，后来在物理学领域内的贡献也不小。外尔搞的玩意叫作规范场，就是从对称性出发经过一番推导，在数学上自然而然地推导出麦克斯韦的电磁方程。推导的过程很美，不仅迷住了外尔，也迷住了杨振宁。在芝加哥大学的时候，杨振宁就下了功夫想把这个思想推广到强相互作用的领域。后来他到了布鲁克海文国家实验室，眼睁睁地看着一堆粒子被发现，可是没有个合适的理论去解释。他跟同屋的米尔斯一合计，要啃下这块硬骨头。他和米尔斯意识到，这东西的计算不能像电磁场那样，需要用不同的算法。一旦开了窍，那就好办了，后边的计算就变得比较顺利了。后来杨振宁在回忆中说："我们知道我们挖到宝贝了！"通过两人合作，他们在《物理评论》上接连发表了两篇论文，提出杨-米尔斯规范场论。

寄出文章之前，1954年2月，杨振宁应邀到普林斯顿研究院做报告。杨振宁刚往黑板上写了几笔，就听身后有人大声问，你这个场的质量究竟是多少？杨振宁回头一看，我的妈呀，怎么是这位，当时就吓得一身冷汗。发问的这位胖胖的，看上去生活很不健康的样子，这人正是号称上帝之鞭之鞭的泡利（图20-3）。泡利在此，神仙和妖怪都怕。杨振宁只好硬着头皮回答，现在还不知道。回过身去想继续在黑板上写完。泡利不依不饶，还在追问，你这个场的质量到底是多少？杨只好支支吾吾地说事情很复杂，泡利听后便冒出一句他常用的妙语："这是个很不充分的借口。"闹得杨振宁下不了台，非常尴尬。

图20-3 泡利和玻尔在玩翻身陀螺，科学家也有老顽童的一面（1954年）

泡利的领导奥本海默也在旁边坐着，这会儿起来打圆场，泡利你先别问了，先让他把东西讲一遍吧。泡利这才作罢。其实杨振宁想到的东西，泡利早就想到了。1953年泡利也做过类似尝试，最后无果而终，没有写出相关的动力学场方程。但是泡利提出的质量问题才是关键。规范理论中的传播子都是没有质量的，否则就不能保持规范不变。这个规范不变是规范场的关键。电磁规范场的作用传播子是光子，光子没有质量，但是，强相互作用不同于电磁力，电磁力是远程力，强弱相互作用都是短程力，短程力的传播粒子一定有质量，这便是泡利当时提出的问题。因为这个质量的难题，让规范理论默默等待了好多年。最后解决这个问题的人，他的名字大家其实也不陌生，关心科技新闻的想必也很耳熟，他叫希格斯。这是后话，按下不表。

第二天，杨振宁在自己的信箱里面看到一封信，是泡利写的。信里面提醒他，薛定谔的一篇文章你看过没有？那是一篇有关狄拉克电子在引力场时空中运动的相关讨论。不过，多年后杨振宁才明白了其中所述的引力场与杨-米尔斯场在几何上的深刻联系，从而促进他在20世纪70年代研究规范场论与纤维丛理论的对应，将数学和物理的结合成功推进到一个新的水平。泡利这个上帝之鞭的名号并非浪得虚名。

当年的杨-米尔斯理论虽然没有真正解决强相互作用的问题，却构造了一个非阿贝尔规范场的模型，为所有已知粒子及其相互作用提供了一个框架，后来的弱电统一、强作用直到标准模型，都是建立在这个基础上的。所以，可以毫不夸张地说：杨-米尔斯规范场理论对现代理论物理起了"奠基"的作用。

这是杨振宁第一次和上帝之鞭泡利交手，闹得杨振宁很尴尬。但是杨振宁和泡利的第二次交手，那可是大获全胜。这就是他和李政道（图20-4）合作搞的弱相互作用宇称不守恒。

这个宇称不守恒到底是啥意思呢？我们都有左右手，左手和右手是互为镜像的。啥意思呢？就是说，从镜子里看右手，那就跟左手是一样的。说白了，就是在一个维度上反了一下。除了这种左右对称的镜像以外，还有另一种东西，那就是左旋右旋。我们现在的螺丝钉大多数是右旋的，顺时针是拧紧，逆时针是拧松，这叫"右旋"。一般物理学上表述旋转的时候，都是称呼手性的。宇称就是描述波函数空间反演变换性质的一个内禀的值，要么是1，要么是–1。如果系统总宇称在反应过程中前后保持不变，则谓之宇称守恒，反之则为宇称不守恒。在1956年之前，物理学家都坚定地认为宇称是守恒的，亦即一切物理过程都应该遵循"宇称守恒定律"。

图20-4 杨振宁与李政道，恰同学少年，风华正茂

最开始让人怀疑到宇称守恒的是所谓"θ（音：西塔）–τ（音：陶）之谜"。物理学家们发现，当高能质子和原子核碰撞时产生的K介子有两种完全不同的衰变方式：有时衰变成两个ρ（音：rou）介子，有时衰变成三个ρ介子。因为ρ介子的内禀宇称值为–1，所以，在衰变成两个ρ介子的情况时，总宇称是$(-1)^2=+1$，而衰变成三个ρ介子的情况时，总宇称是$(-1)^3=-1$。物理学家们分析，如果宇称是守恒的，那么衰变之前的K介子应该是两种宇称相反的粒子：偶宇称的被称为θ，奇宇称的被称为τ。这两种粒子的其他性质，包括自旋、质量、电荷等，几乎完全一样，因此，人们总怀疑它们就是一种粒子。K介子的衰变属于弱相互作用，如果把它们（θ和τ）当成是同一种粒子，就必然

要否定宇称守恒，起码弱相互作用中的宇称不是守恒的。

李政道和杨振宁首先深入研究了这个问题。他们查阅了很多有关文献及实验资料，发现在强相互作用及电磁作用中，许多实验结果以很高的精度证明宇称守恒，但对弱相互作用却缺乏强劲的实验证据。好像谁也没说过宇称是守恒的，大家想当然地以为弱相互作用下的宇称一定守恒。

1956年6月，李政道与杨振宁在美国《物理评论》上共同发表《弱相互作用中的宇称守恒质疑》的论文，认为基本粒子弱相互作用内存在"不守恒"，宣称θ和τ是两种完全相同的粒子。

图20-5 吴建雄在做实验

李政道和杨振宁认识到，要大家承认弱相互作用的宇称不守恒，关键问题是实验。他们设计了几种相关的实验方法，并且自然地想到了他们的华人同胞——实验女王吴建雄（图20-5）。吴建雄与李政道都是哥伦比亚大学物理系的教授，是做β衰变实验的专家。她对于做这个关键性的实验非常感兴趣，那时正值1956年圣诞假日前夕，吴建雄本来要和夫婿袁家骝一起去日内瓦参加一个学术会议，再去亚洲演讲旅行并回中国家乡探亲，但她实在不愿放弃这个验证如此重要物理定律的机会，最后决定让丈夫单独去旅行，自己留下进行实验。

1957年1月15日，《物理评论》杂志收到了吴建雄等人实验证明宇称不守恒的论文。实验需要在极低温(0.01K)的条件下进行。最后的实验结果显示明显不对称，因而证实了弱相互作用中的宇称不守恒。

泡利对宇称守恒深信不疑，他在1957年1月17日给奥地利裔美国物理学家韦斯科夫的信中表示："我不相信上帝是一个弱左撇子，我准备押很高的赌注……"泡利说要押很高的赌注，但是他从头到尾也没说到底赌多少钱。费曼也坚信宇称守恒并与人打赌，他倒是真的押了50美元。另一位著名的物理学家话就说大了，研究晶体的布洛赫曾经说，如果宇称不守恒，他就把自己的帽子吃掉！

泡利最后也没掏钱，因为没人跟他打赌。费曼显然是输了50美元，输了也就输了。布洛赫干脆说自己没帽子，硬给赖账赖掉了。大家都没想到宇称真的不守恒。"炸药奖"委员会这回倒是嗅觉灵敏，立马把1957年的诺贝尔奖颁发给了李政道和杨振宁。可惜，不久之后两人交恶，断了往来，这也是一大憾事。正应了那句话，有人的地方就有江湖，科学家也是人，任何人都经不住显微镜下的道德审查。

1958年，泡利病倒了，确诊是极为凶险的胰腺癌，他住进了苏黎世红十字会医院。有一次他的助手去看望他，发现他正对着门牌号码发呆。他的病房号码是137，精细结构常数大约是1/137，精细结构常数对电磁作用有着巨大影响，假如稍微增大一丝一毫，元素周期表内稳定的元素就会减少很多。因此大家都为这个常数的来源感到好奇，但是不论如何努力，都无法解释原因。甚至有人评价："一个魔数来到我们身边，可是没人能理解它。你也许会说上帝之手写下了这个数字，而我们不知道他是怎样下的笔。"即便是上帝之鞭泡利也参不透这种神来之笔，即便是病入膏肓也仍然念念不忘。

1958年12月15日，泡利在这间病房中逝世，终年58岁。大家谁也没想到，继费米和爱因斯坦之后去世的重量级物理学家竟会是泡利。这个世界上少了一个罕见的天才，上帝收回了他的鞭子。不知苏联的朗道是不是多了一份寂寞，那个霸气不输自己的人已经先行一步，离开了这个充满了不确定性的世界。

图20-6 苏联物理学界的旗手——朗道

就在李政道和杨振宁获奖之际，苏联这边有一位科学家愁眉苦脸，接连
唉声叹气，这位科学家名字叫沙皮罗。就在前一年，也就是1956年，他正在
研究介子的衰变。他发现在介子的衰变中，似乎宇称是不守恒的。他心里吃
不准，就找当时苏联最牛的大物理学家朗道把关。朗道一听他的想法，当时
就觉得不靠谱，宇称怎么可能不守恒呢？后来沙皮罗写好了论文给了朗道
（图20-6），希望他推荐自己的论文发表。那年头发论文，推荐者很重要。
朗道看了一眼，发现是有关宇称不守恒的，二话没说往一边一扔，后来就再
没管过这档子事。时间长了，论文也就不知道哪儿去了，估计是混在一堆文
件里了。沙皮罗的发现比李杨二人要早一些，但是他眼巴巴地等着，就是没
什么消息。第二年，李政道和杨振宁获得了诺贝尔物理学奖，消息传来，沙
皮罗难受死了，朗道悔得肠子都青了。

朗道是苏联物理学界扛大旗的人物，当年去欧洲游学，跟各位大牛都是
熟人，跟玻尔也很熟。虽然在玻尔那里的时间不长，可是这位天才朗道对玻

尔那是佩服得五体投地。不为别的，就因为佩服玻尔在物理方面的直觉。后来他逢人就讲，自己当年也是哥本哈根出来的。

朗道不但是个牛人，还是个怪人。苏联人都爱喝酒，但他不喝酒，这可能跟他当年的经历有关系，他当年在巴库上大学，学化学没学完，后来就对化学品不喜欢，酒类也是化学品。还有一个特点，此人话很多，而且聊嗨了以后满嘴跑火车，哪怕在玻尔面前也是一样，经常没完没了长篇大论地讲，闹得玻尔都受不了，一个劲儿打断他："朗道，现在该轮到我说几句了。"你看海森堡和泡利当年都受不了玻尔的喋喋不休，可朗道闹得连玻尔都受不了。后来朗道得罪人不少，就跟他说话不留神有关系。言多必失啊。

朗道对爱因斯坦都不太客气，但是见到一个人，他也觉得气势上矮了几分，那就是泡利，泡利发飙比他还厉害。不过，1958年泡利去世了，能在聪明程度上与朗道匹敌的人物就少了一个。朗道自视很高，他觉得自己是全才的物理学家，物理学哪方面他都懂。就在1954年费米去世的时候，朗道轻轻叹了一口气，现在这个世界上，物理学全才就剩下他一个了。反正他自己是这么认为的。

朗道还给当时的物理学家们排了个名次，第零点五流的物理学家是爱因斯坦，就是半流的意思，比一流还要靠前。玻尔、海森堡、狄拉克和薛定谔这些量子力学开创者，算是一流物理学家，自己算是二点五流。后来完成了二级相变的工作后，他才觉得自己算是个二流物理学家，这可能是他最谦虚的一回了。大部头的物理学教材他一写就是好多卷，他自己是懒得动笔，都是他的助手栗弗席兹写的，算作他和栗弗席兹合作的（图20-7）。所以物理学界常说一句话，这套大部头的书，没有一个字是朗道写的，但是没有一条思想是栗弗席兹的。栗弗席兹也乐于承认自己是朗道的笔杆子。

当然，栗弗席兹也不是等闲之辈。有一次狄拉克访问苏联，做讲座需要有人翻译，毕竟在场的人并不是都懂英文，这事就是栗弗席兹来干。狄拉克说自己不希望被打断。一般的翻译都是你说一句，翻译翻一句，不打断怎么翻译？狄拉克坚持自己不能被打断。那好吧，狄拉克在上边用英语讲，一边讲一边在黑板上写公式。讲完以后，该栗弗席兹上场了，他用俄语把刚才狄拉克讲的东西完完整整地翻译了一遍，而且还按顺序用上了狄拉克在黑板上写的全部公式，从头到尾毫无差错。这记性就不是一般人能比的，这就是栗弗席兹的水平。

图20-7 朗道和栗弗席兹

朗道把人家的论文给埋了，活生生地放走一个诺贝尔奖级别的成果。沙皮罗非常委屈，可碰上朗道这样的"学霸"，神仙也没辙。朗道倒是不含糊，宇称守恒被打破了，他马上就搞出个"CP不变性"来。CP不变性是什么？C代表电荷对称，说白了就是电荷相反，有正电子有负电子，说术语叫"电子共轭"。这个运算可以转化成反粒子，P就代表宇称。当时大家都在想，假如宇称不对称的话，上帝就是个弱左撇子。但是说不定CP混到一起综合计算，就是守恒的啊！这就是所谓CP不变性。朗道也是这么想的，到了1964年，有科学家做了K介子的衰变实验，证明CP不变性是错误的。CP捆到一起，也依然可能是不守恒的。1980年，詹姆斯·沃森·克罗宁和瓦尔·菲奇因此被授予诺贝尔物理学奖，这是后话。对这事朗道又怎么看呢？朗道看不了了，他出事了。

1962年，朗道出了车祸，他的轿车跟大卡车相撞，断了11根骨头而且头骨骨折。苏联拼尽全力抢救朗道，全世界的学术界也在想办法拯救朗道的生命，甚至直接请医生去苏联救治朗道。捷克、法国、加拿大的很多医学教授得知消息后纷纷前来会诊。世界许多物理学家也相继寄来名贵的药材，在鬼门关上来回拉锯，终于把朗道这条命给抢回来了。好不容易啊，捡了条命，可惜啊，因为受伤位置在头部，朗道的脑子受了严重损伤，他的天才不见了，甚至深度思考都有困难。这是苏联物理学界非常大的一个损失。要知道培养一个物理学界的天才，而且是旗手级别的人物，那有多难啊。

朗道的车祸，震动了整个物理学界。诺贝尔奖委员会坐不住了。要知道诺贝尔奖是不能发给已故人士的。朗道还能活几天？大家都没底。事不宜迟，瑞典诺贝尔奖委员会马上决定，今年的物理奖就给朗道，不能再拖了。

列夫·达维多维奇·朗道因为在液氦超流和凝聚态物理方面的杰出贡献，被授予诺贝尔奖。朗道可以算是最伟大的二流物理学家，完全是他自己评定的。那么他为啥把自己评为二流呢？因为他并不是某个大学科的开创者，他没有海森堡、薛定谔的那种机遇，这二位是矩阵力学与波动力学的创始人。道理很简单，因为朗道出生晚了，第一波没赶上，但是朗道是凝聚态物理的重量级的科学家。他的朋友们列举了他的十大贡献，称为朗道十诫：

1. 引入了量子力学中的密度矩阵概念（1927）
2. 金属的电子抗磁性的量子理论（1930）
3. 二级相变理论（1936～1937）
4. 铁磁体的磁畴结构和反铁磁性的解释（1935）
5. 超导电性混合态理论（1943）
6. 原子核的统计理论（1937）
7. 液态氦Ⅱ超流动性的量子理论（1940～1941）
8. 真空对电荷的屏蔽效应理论（1954）
9. 费米液体的量子理论（1956）
10. 弱相互作用的复合反演理论（CP不变性）（1957）

诺贝尔奖委员会争分夺秒地要把诺贝尔奖发给朗道。朗道来不了，那就破例，由瑞典驻苏联大使代为颁发。朗道在病中接受了诺贝尔奖。1968年，朗道去世了，终年60岁。相比之下，他的寿命比泡利稍长一点儿，但是，他的物理学生命比生物学生命提前6年结束。

朗道是个非常严格的老师，他的入学考试极其严苛变态，号称"朗道势垒"。前后一共有43个人通过了考试，后来这43个人里至少有18人成了苏联科学院的院士，有一位拿了诺贝尔奖，也有几位考完以后心力交瘁，改行干别的了。朗道搞这么变态的考试不是没有原因的，他24岁的时候在哈尔科夫工学院就发现学生基础不牢，自己讲课简直是鸡同鸭讲，因此需要筛选出物理学知识足够扎实的人来才行。朗道就开始搞他的朗道势垒了。这与苏联当时的教育状况是有关系的。苏联当时是个比较落后的国家，不能和西欧那些先进国家比。农村的孩子跟海森堡、泡利这种人能比吗？泡利的教父是哲学大神马赫。家庭环境起点就不一样。

但是，我们看看最后的结果。卢瑟福的学生助手有多少个拿诺贝尔奖？卡文迪许实验室划拉起来，前后得了21个诺贝尔物理学奖，连带化学奖、生理学和医学奖加起来有39个。不比不知道，一比吓一跳。泡利那张嘴是够臭的，也没教出太出名的学生。你不得不感慨，当年索末菲、玻恩老师，人家是怎么对待学生的，特别是玻恩的人才特别快车。不过我们看看另一个截然相反的教学风格。费曼讲起课来简直是脱口秀的水平，不但幽默风趣，还能清晰明了地讲述那些非常复杂难懂的内容。后来讲稿整理出书，就是现在著名的《费曼物理学讲义》。费曼特别主张因材施教，是个好老师，可惜他的学生也没有太出名的。倒是施温格这种怪人培养出了一位拿诺奖的学生，这倒奇怪了。我想可能是费曼更适合提高普通公众的物理学水平，对顶尖高手好像那么管用。总之，教育是个很复杂的问题。

1956年，薛定谔回到了奥地利，在维也纳大学物理研究所当荣誉教授（图20-8），他一直留在维也纳大学。后来到阿尔贝巴赫村参加高校活动的时候，看到周围山清水秀，风景宜人，不由得想起自己的身后事。1957年他一度病危，被医生努力抢救回来了。他看此地风景宜人，倒是个埋骨的好地方。薛定谔最终没有熬过1961年，因肺结核去世，终年74岁。如他所愿，他的墓地就在阿尔卑巴赫村，墓碑上刻的是薛定谔方程，我们也可以这么说，薛定谔方程本身就是对他最好的纪念。这倒是和普朗克相映成趣，普朗克的墓碑上只刻了"$h=6.62\times10^{-34}$J·s"。

图20-8 老年的薛定谔

泡利去世了，薛定谔也去世了，海森堡还在，狄拉克还在英国继续当他的卢卡斯数学讲座教授，还能继续研究问题，继续发论文。海森堡、狄拉克、薛定谔这三个人之中，狄拉克坚持得最久。薛定谔、海森堡后来的行政职务、荣誉职务很多。狄拉克老实木讷，还是专心学术。不过要论起行政职务、荣誉职务等，都别跟老爷子玻尔比，人家那是头衔一大串。

玻尔最近的一个头衔是"欧洲核子研究理事会"主席，这个机构还是老爷子自己倡议建立的，有12个国家参加，后来扩大到了21个国家，简称CERN，后来改名叫"欧洲核子研究组织"。按理说缩写应该改成"OERN"，但是海森堡建议别改了，还是叫"CERN"。这个组织大家可能都不陌生，大型强子对撞机就是这个组织在掌控。玻尔敏锐地看到，不联合起来搞这种机构，将来是难以跟美国抗衡的。况且将来量子领域的科学发现都依赖于大型试验设备。自打原子弹工程以后，大科学工程已经是未来的方向，很多过去小打小闹的办法已经行不通了。当然，丹麦的原子能委员会主席肯定也是玻尔，人家父子俩都参加过美国原子弹工程的外围工作，老爷子还在发挥余热。

1962年11月18日，玻尔突发心脏病，在哥本哈根家中去世，享年77岁。量子物理时代的领军人物就这么离开了我们，离开了这个充满了不确定性的世界。人们失去了一位天才的科学家和思想家，一位纯朴、诚实、善良、平易近人的全人类的朋友。许多国家的有关机构给丹麦皇家科学协会发来了无数唁电、信函，沉痛悼念这位科学巨人。

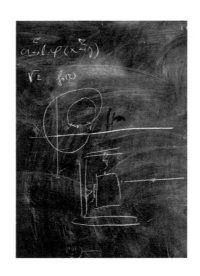

图20-9 玻尔家的黑板

玻尔的去世也代表哥本哈根时代的终结。在他家黑板上，还画着当年在索尔维会议上跟爱因斯坦争论的那个弹簧秤和光子箱的草图（图20-9）。大家不禁回想起两位大师的那场辩论。爱因斯坦一直钟情于隐变量的假设，薛定谔和德布罗意也支持这种假设。最近又有个玻姆冒了出来，提出了量子势的概念，其实还是隐变量理论的升级版。那么量子力学真的是完备的吗？用什么办法来判别这个隐变量存不存在呢？别急，解决问题的这个人已经出现了，而且巧得很，他就在欧洲核子研究组织工作……

21. 隐变量出局

时间来到1964年，这一年东京举办了奥运会，标志着这个国家的重新崛起。

这一年也是量子力学很重要的一年，这一年发生了一件大事和一件小事。如今大事大家不关心，小事倒是成了不少人议论的话题。这两件事，基本上是我们后文的两个主要线索。

图21-1 盖尔曼和茨威格

首先是夸克的发现。夸克模型于1964年由物理学家默里·盖尔曼和乔治·茨威格（图21-1）独立提出。当时大家碰到的一个情况是基本粒子太多了，出现了所谓的粒子动物园的情况。五花八门的粒子都出现了，它们都是基本粒子吗？基本粒子就是不可再分的粒子，盖尔曼和茨威格就觉得不是这么回事。这两个人不是一起研究的，他们分别研究这个问题，后来两个人分别提出了夸克理论。

夸克这个名字是盖尔曼起的，茨威格本来起名叫"Aces"，就是扑克牌里面的A。但是最后大家还是接受了盖尔曼的叫法，都叫夸克。强子都是由夸克组成的。我们知道的中子、质子，最后都是由不同种类的夸克组成的。夸克本身也有好多种，一共6类——"上下顶底奇粲"。每类夸克还分不同颜色。首先说清楚，这个颜色仅仅是起了个便于识别和记忆的名字，并不是真的颜色。

这个盖尔曼是个比较传奇的人物，人们说他有"五个大脑"，遗传运算法则创始人约翰·赫兰称他是"真正的天才"，1977年诺贝尔物理学奖获得者安德森曾评价他是"现存的在广泛领域里拥有最深刻学问的人"，1979年诺贝尔物理奖获得者温伯格说他"从考古与仙人掌再到非洲约鲁巴人的传说再到发酵学，他懂得都比你多"。盖尔曼自小就聪明，同学认为他是"会走路的大百科全书"。14岁申请耶鲁大学，从耶鲁大学毕业后，不到22岁就在麻省理工学院获得博士学位，随后被"原子弹之父"奥本海默带到普林斯顿高等研究所，这期间又跑到费米领导的芝加哥大学物理系教课，而且还被提为副教授。1955年，在博士后研究结束后，盖尔曼由于"奇异数"的发现曾有机会去芝加哥大学任教，可惜费米在此前一年去世了。他也曾想去丹麦的玻尔的研究所，可惜那里没有博士后制度，只能让盖尔曼做教师或学生。所以最好的选择是去加州理工学院，那里有费曼。就这样，盖尔曼不到26岁就成为加州理工学院最年轻的终身教授。他后来一辈子跟费曼抬杠，相互还有点儿不服气。

1969年，盖尔曼获得诺贝尔物理学奖，后来转而研究复杂性问题，创立圣塔菲研究所，也有不少成就。他写了一本书来描述复杂性问题，叫作《从夸克到美洲豹》。复杂性问题、混沌理论、分形几何都是很有意思的学科，混沌理论的某些特征跟量子理论有相通之处。这个宇宙真是奇妙，最宏大复杂的东西，居然跟最微小简单的事物有相似的特性。

夸克是在强子的内部存在，因此要研究这玩意必须用对撞机撞才行。就好比大锤砸核桃一样，不把强子砸开，就没办法研究内部结构，因此现在加速器变得很重要。欧洲也要建造大型加速器。随着加速器越造越大，人类对于微观世界的认识也越来越清晰，沿着这条路走下去，最终就可以统合三种基本的力：电磁相互作用、弱相互作用、强相互作用。只剩下一个另类的家伙，就是引力。这东西不太合群，到现在也没完全搞定。

1964年这一年还发生了一件不算大的小事，是有关一个不等式的。前一年，一位35岁的年轻工程师来到了美国的斯坦福大学学习一年。这个年轻人出生于北爱尔兰贝尔法斯特的一个工人家庭，他满脸雀斑、一头红发，对物理学很着迷。不过他的主要工作并不是理论物理，而是在加速器工程技术方面。他供职于欧洲核子研究组织，当时刚好有机会到美国访问一年，也算是换换脑子，可算有空余时间来摆弄他的业余爱好量子物理了。他的名字叫约翰·贝尔，他出生的1928年刚好是量子力学喷薄而出的年代，也是爱因斯坦和玻尔两位大师隔空交火最热闹的时代。贝尔可以说是量子力学的同龄人，他最着迷的还是有关爱因斯坦和玻尔的争论以及爱因斯坦、波多尔斯基、罗森的那篇论文EPR问题。说实话，贝尔打心眼里佩服爱因斯坦，也喜欢爱因斯坦的思想，并不喜欢玻尔这一派的哥本哈根诠释。

自打20世纪30年代EPR发表以后，20世纪40年代忙着打仗造原子弹，到了20世纪50年代，终于有点起色了。首先是玻姆提出了隐变量理论，其实他是在德布罗意的思想基础上提出来的。我们现在看到的有关EPR问题的描述，通常都不是爱因斯坦他们三个人的原版。因为那个版本比较复杂，讲述比较麻烦，现在普遍使用的是玻姆的简化版本，也就是用量子的自旋来表述。隐变量的意思就是说，量子这种古怪的行为是背后有个东西在操纵，但是这个东西我们还不知道它是什么。这个想法其实由来已久了，早在1932年，冯·诺依曼在他的著作《量子力学的数学基础》中为量子力学提供了严密的数学基础，其中捎带着给出一个隐变量理论的不可能性证明。他从数学上证明了在现有量子力学适用的领域里，是找不到隐变量的。

图21-2 冯·诺依曼和早期计算机

　　冯·诺依曼,这个名字大家都不陌生。我们现在使用的电脑,就被称为"冯·诺依曼型计算机"(图21-2)。他被后人称为"计算机之父"和"博弈论之父"。冯·诺依曼从小就是个天才中的天才。传说他8岁搞懂微积分,当然这事听起来比较离谱。不过长大以后他同时上了三所大学,那倒是前所未有的事。特别好的学生很可能接到几个学校的邀请,可是没听说哪个学生可以同时上三所大学,人家冯·诺依曼就有这个本事。1921年,冯·诺依曼在布达佩斯大学注册为数学方面的学生,并不听课,只是每年按时参加考试,考试成绩都是满分。与此同时,冯·诺依曼进入柏林大学,1923年又进入瑞士苏黎世联邦工业大学学习。1926年他在苏黎世联邦工业大学获得化学方面的学位,通过在每学期期末回到布达佩斯大学通过课程考试,也获得了布达佩斯大学数学博士学位。

　　这可是一位极其聪明的聪明人。冯·诺依曼认为,量子理论是普遍有效的,不仅适用于微观粒子世界,也适用于现实测量仪器。1932年约翰·冯·诺依曼将量子力学最重要的基础严谨地公式化。冯·诺依曼的量子力学教科书《量子力学的数学基础》首次以数理分析清晰地提出了波函数的两类演化过程：瞬时的、非连续的波函数坍缩过程；波函数的连续演化过程，遵循薛定谔方程。

冯·诺依曼就像一座大山一样挡住了贝尔的去路，眼前基本无路可走。数学大师的水平不是业余选手能撼动的。不过贝尔倒是没有被大师吓倒，他认真分析了诺依曼的证明过程，发现诺依曼犯了个小错误。这个错误是处于数学和物理之间接缝的地方。也难怪，诺依曼搞物理某种程度上只是玩票，本职工作还是个数学家。1957年，诺依曼去世了，享年53岁。费米、泡利、诺依曼，都是50多岁就去世了，这是非常可惜的事。那几年，重要的科学家集中去世，爱因斯坦也是1955年去世的。

对于量子力学的非哥本哈根诠释，在那时候就已经出现各种萌芽，不再是哥本哈根学派一统天下。比如艾弗雷特提出了多世界诠释（图21-3）。就拿薛定谔的猫来做例子吧。哥本哈根诠释认为，你不观察，那么猫就处于死了和没死的叠加态。你一观察，就决定了猫是死或者活。

图21-3 多世界诠释认为宇宙发生了分裂

多世界理论不是这么认为的。他们认为你一观察，世界就分裂了，分裂成了两个平行世界，一个世界猫死了，一个世界猫活着。至于你看到哪个世界，看运气。爱因斯坦生前听说了这个想法。他觉得不可信，谁有那么大的面子？你看一眼，宇宙就分裂了？这事不靠谱。

1957年艾弗雷特正式提出了多世界诠释，还跑到哥本哈根找玻尔，玻尔不置可否。现在老一辈都去世啦，大家可算松了口气，各种诠释就都冒出来了。玻姆的隐变量也算一种诠释。还有好几种诠释，比如一致性历史诠释，号称是哥本哈根诠释的补丁版。当然还有不少物理学家认为量子力学没法诠释，也不需要解释，他们提出的口号是，"闭嘴! 计算! "因此也叫"闭嘴计算诠释"。

在这个大背景下，老一代人都去世了，那就好办了，小字辈胆子就变大了。贝尔开始计算研究量子纠缠和隐变量，他内心很想帮助爱因斯坦这一派。经典物理里面也有概率问题，就好比扔骰子扔硬币，这种事一般都是用概率来计算的。但是物理学家普遍认为这是因为测量不精确造成的，没办法测量扔骰子时的空气流动状况，导致我们没办法精确地计算骰子的飞行状态，并不是说飞行状态不可计算。因此很多人认为量子的概率表述其实也是因为我们搞不清楚原因造成的。贝尔就是这么想的。要搞清楚背后的原因，就必定要揪出那个隐变量，可是这东西找起来太难了。贝尔要推导的是一个判断隐变量是否存在的公式，而且要能用实验检验。说白了，各种各样的诠释吵来吵去，还不是因为没办法做实验造成的。

贝尔大约秉持这样一种思路：一对纠缠的电子，我们沿X轴测量电子A的自旋和电子B的自旋，那么必定是相反的，两个粒子的相关度是−1。所谓相关度就是指两者是否总是保持一致。测量多次总是出现同正同负，就是1，总是相反，那么就是−1，假如统计下来，一半对一半，那就等于两者不关联，关联度就是0。

假如换个办法，我们沿着X轴测量电子A的自旋，沿着Y轴方向测量电子B的自旋，又会如何呢？假如每个粒子都分XYZ三个轴来测量自旋方向，各个轴向的统计结果相关度又如何呢？最后贝尔终于得到了一个不等式，不等式里面的几个关联度都是可以统计测量的，因此可以做实验来验证这个不等式。

$$|P_{xz}-P_{zy}|\leq 1+P_{xy}$$

Pxy的意义是粒子A在x方向上和粒子B在y方向上测量到自旋相同的概率，也就是相关度，Pxz和Pyz的意义可以此类推。

纠缠粒子经过一系列的测量，假如最后计算出来不符合贝尔不等式，那么隐变量理论就被推翻了。不过在当时要想做这个实验还是有难度，因为需要做出相互纠缠的粒子，在当时来讲很难做到。

　　惠勒很早就提出，正负电子相互泯灭，会放出一对光子，这一对光子应该是相互纠缠的。后来在1948年，哥伦比亚大学吴建雄的实验室成功地做了这个实验，是吴建雄和萨科诺夫一起做的，这是人类第一次搞出相互纠缠的粒子。但是那时候搞出来的纠缠粒子都不太稳定，很难在实验里面摆弄。因此贝尔的不等式提出以后，也没人特别感兴趣。那时候大家普遍对量子力学有信心，认为这东西不需要验证了，所以贝尔不等式在1964年算不得是一件大事。那也无妨，反正只要有人最终解决了实验的技术难题，那就可以验证一把，到底是爱因斯坦正确，还是玻尔正确。要是符合贝尔不等式，就说明存在隐变量，我们一时半会儿抓不住这家伙。要是不符合贝尔不等式，就说明概率描述是量子的内禀特性。就是说，量子行为天生只能用概率描述。贝尔很崇敬爱因斯坦，他总想着用自己的实际行动告慰一下爱因斯坦的在天之灵。

　　但是贝尔万万没想到，自己给爱因斯坦帮了一个倒忙。好在大家的兴趣点都不在这方面，那时候热门的是夸克理论，关注贝尔不等式的人不多。

图21-4 约翰·克劳瑟

20世纪60年代中期，夸克理论出来了，学界的兴趣点都在那边儿，大家对于核子内部的结构比较关心。相对于量子力学基础理论的诠释这方面，并没有花太多力气，这也是人之常情。不管你怎么诠释，也不妨碍继续计算，也不妨碍大型加速器做实验。你能想象今天还有会人绞尽脑汁设计实验来证明地球绕着太阳转吗？对于量子力学来讲，大家都已经习惯这种与经典力学完全不一样的模式了，还是留给少数的理论物理学家去慢慢讨论吧。贝尔的本职工作也不是搞贝尔不等式，他的本职工作是加速器专家。

可就是有人惦记着验证贝尔不等式。此人名叫克劳瑟（图21-4），出生于物理学世家。他的父亲、叔叔及家中几个亲戚都是物理学家，克劳瑟从小就听家人在一起探讨争论深奥的物理问题，后来他进了加州理工大学，受费曼的影响，开始思考量子力学基本理论中的关键问题。他就跟费曼商量，咱们能不能搞出个实验来验证EPR和贝尔不等式啊。费曼听完了，直接蹦起来，把克劳瑟从办公室里扔出去了。这是克劳瑟后来回忆的时候说的，当然有开玩笑的成分，说得比较夸张，但是你可以感觉到费曼对这事的态度，他肯定觉得干这事多余。

后来克劳瑟去了哥伦比亚大学，他特别仰慕李政道，因为李政道也重视实验，而且哥伦比亚大学有吴建雄，当年第一对纠缠光子可是她和萨科诺夫搞出来的。克劳瑟立刻去了吴建雄实验室，找到吴建雄，向她打听20年前他们是怎么做的实验。这都隔了20年，叫人怎么想得起来啊。吴建雄没在意，让自己的研究生去跟克劳瑟聊一聊。克劳瑟意识到，根本不能用这样的方式来获得纠缠粒子，想用这个办法稳定地做实验，很难。克劳瑟想得入迷，就把自己的主业抛到脑后去了。他的主业是跟着赛迪斯教授搞微波背景辐射方面的课题。现在倒好，主业扔一边儿去了，满脑子的量子纠缠和贝尔不等式。这可要了命了，他老师对他不太满意，后来给他写的评语也不好。在推荐信里面直截了当地写了："不要聘用这个家伙！因为只要一逮到机会，他就要去做量子力学实验中的那些垃圾工作。"这叫人家怎么找工作，后来克劳瑟很长时间都当不上教授。

克劳瑟觉得贝尔不等式需要进一步改进，现在还是不利于实验，纠缠光源最好用可见光。正负电子对撞的能量太大，产生的光子频率太高，这样是不行的。他写了一篇文章，寄给了美国物理学会在华盛顿搞的年会。1969年，物理学会年会就要开了。

就在克劳瑟准备论文的时候，也有人就惦记上贝尔不等式了。有一对师徒对贝尔不等式充满了兴趣。老师叫西莫尼（图21-5），学生叫霍恩。西莫尼学习的是哲学，25岁就从耶鲁大学拿到了博士学位，后来又在麻省理工学院当上了终身哲学教授，这已经是很不错的成就了。但西莫尼内心埋藏着一个物理学家的梦想，他又到普林斯顿大学去攻读物理学，老师是尤金·维格纳，一个从匈牙利来的物理学家，是费米搞核反应堆的助手。1963年，维格纳获得了诺贝尔奖。西莫尼那些年比较累，经常要波士顿和普林斯顿两头跑，学成以后，他去了波士顿大学。

图21-5 阿伯纳·西莫尼

西莫尼什么时候开始对量子力学感兴趣的呢？那是1963年的一次会议上，西莫尼去了。大会主席是波多尔斯基，就是EPR论文中间那个P。爱因斯坦已经去世了，罗森又不在，只有波多尔斯基在这儿。西莫尼环顾四周，全是名家，前边是尤金·维格纳、玻姆，就是搞隐变量的那个玻姆。再一扭头，大神狄拉克也在。玻尔去世了、薛定谔去世了、泡利去世了，海森堡不怎么出来，数数大神级别的也就这位狄拉克了。分组讨论的时候，维格纳让西莫尼发言，西莫尼发言的题目是《观察者在量子理论中的作用》。刚说完，西莫尼一看，狄拉克站起来提问题，当时差点儿吓了个半死。不过，狄拉克问的是个简单的哲学问题："唯我主义是什么？"哲学可是西莫尼的老本行，这是虚惊了一场。

西莫尼见了一堆物理学大牛，信心大增，他把自己的讲话稿打印了好多份，自己掏钱到处邮寄。他发现邮箱里有一份贝尔的论文，拿来一看，立刻被贝尔不等式给吸引住了。换句话说，他也掉坑里了。霍恩是西莫尼在波士顿大学的第一个研究生，这个研究生在接触了贝尔不等式以后，跟他老师一样也掉坑里去了，师徒俩对这个问题着了迷。可是这二位谈理论还行，做实验就不擅长了，特别是西莫尼，他是从哲学转到理论物理的，哲学又不需要做实验，因此没有这方面的训练，他们需要继续找到同伙才行。好不容易在哈佛大学找到一个正计划做双光子相干实验的研究生霍尔特，三个人立刻搅和到一起去了。可是他们晚了一步，没赶上向1969年的物理学会年会提交论文。维格纳建议他们跟克劳瑟联系看看，他们就给克劳瑟打了个电话。双方在电话里聊得挺投机，克劳瑟也很大度，商量下来最后决定论文用他们4个人的名字发表。

他们改进了贝尔不等式，现在的要求不像原来那么苛刻。他们提出一个新的办法来获得纠缠光子。用紫外线来照射钙原子，电子可能会连跳两级，有可能被激励到高出两个能级的状态，然后，当能量回落时，就有可能连续回落两个能级而辐射出两个纠缠的光子（以钙原子为例，将辐射出波长分别为551nm的绿光光子和423nm的蓝光光子）。当然，量子力学嘛，一切都是概率，只是有一定概率出现纠缠光子。这个实验是加州伯克利的科协尔和康明斯做出来的，克劳瑟发现这两个人做的数据还不够，需要进一步做实验。他火急火燎地想把这个实验搞出来，这时候想到了自己的师爷汤斯（图21-6）。这个汤斯可不是凡人，人家是诺贝尔奖得主，最大的发明是激光，激光的用处太大了，光纤宽带全靠激光啊，基本上在各个行业，激光都有广泛的应用。

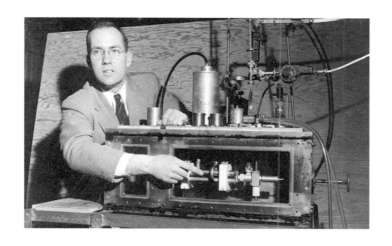

图21-6 查尔斯·汤斯

当时师爷汤斯正在伯克利，克劳瑟立刻申请做汤斯的博士后。到了伯克利，汤斯让他搞射电天文方面的东西，兼顾搞搞贝尔实验，等于给他开了绿灯，时间上一半对一半吧。不过科协尔已经离开伯克利了，康明斯又对这个实验没兴趣。那怎么办呢，来伯克利就是为了这个实验啊。师爷汤斯出手协调，由康明斯的学生弗里德曼来帮忙，实验团队正式成型，干活的是克劳瑟和弗里德曼，西莫尼、霍恩在背后支持他们。哈佛那边儿还有霍尔特，无形中分成了两个小组，在美国的东西海岸分别向目标发起冲击。

他们的目标又是什么呢？老实说克劳瑟还是站在爱因斯坦一边的，他喜欢隐变量解释，他自掏腰包，拿出500美元，和别人打赌自己会赢。霍恩觉得克劳瑟是不会赢的，但是他没参与打赌。西莫尼不表态，人家接受一切结果。远在东海岸的霍尔特倒是希望以此证明量子力学是完备的。大多数物理学家也认为量子力学是完备的。

这个实验搞了好长时间，克劳瑟和弗里德曼终于在1972年公布了结果，累计试验时间200多个小时。制备纠缠光子对非常困难，大概一百万光子里能有一对纠缠光子，比率太低了，克劳瑟很不爽，因为最后的结果不支持隐变量理论，实验结果违反了贝尔不等式。可是霍尔特也不满意，他在东海岸做实验，用的不是钙，而是汞。但是他的实验数据是支持贝尔不等式的。两边的人都郁闷。后来有人发现霍尔特实验里有错误，改进一下就好了，最后得到了支持量子论完备的结论。从现在看来，量子论是完备的，爱因斯坦错了。对于这个结论，贝尔本人也不会高兴，毕竟他支持爱因斯坦的隐变量理论。

这次实验被人诟病了好多年，因为这不是一个没有漏洞的贝尔实验，过低的光子利用率本身就是问题。好多实验室被激发起了兴趣，吴建雄实验室也做了这个实验，但是没有大的突破。下一次突破要等到10年以后。

贝尔一直在欧洲核子所研究组织工作。这一天，有个学生开着车兴冲冲地从巴黎赶来找贝尔。可贝尔不认识他。来的这个人自己介绍他叫阿斯派克特（图21-7）。贝尔一打听才知道，这家伙刚开始搞物理没多长时间，他以前去喀麦隆当了3年的志愿者，去非洲扶贫了。在扶贫期间，他看了好多有关量子力学的书籍，对量子纠缠和EPR特别感兴趣。做完了志愿工作，他立马拎包回了巴黎。他本来就是法国人，一高兴就考上了巴黎大学的物理学博士生。

图21-7 阿斯派克特（2013年）

阿斯派克特知道检验贝尔不等式的第一个实验是1972年由克劳瑟和弗里德曼在加州大学伯克利分校完成的，但实验有漏洞，因而结果不那么具有说服力。所以阿斯派克特要搞出一系列实验来验证贝尔不等式，他决定先把克劳瑟等人的实验重复一遍。这只是第一步，后边还有第二步、第三步，反正要把先前克劳瑟他们几个做的实验的漏洞尽量堵上。贝尔一听，好家伙，野心不小，30多岁的人，学物理其实也没多长时间。贝尔觉得这一定是一个非常大胆的学生！

阿斯派克特计划分三步走：第一步先要把克劳瑟的实验重复出来，最关键的是获得纠缠光子。克劳瑟的办法效率太低了，大概一百万光子里面出来一对纠缠光子，能够产生的纠缠光子太稀少，阿斯派克特用了激光做光源，用激光来激励钙原子，这可比当年克劳瑟的效率高多了。说来也奇怪，克劳瑟背后站着的就是激光之父汤斯啊，他没想到用激光吗？恐怕是有其他方面的问题。但是现在也约莫过了10年，很多技术都已经提高了，完全可以用激光来搞。光子有两个偏振方向，只要一检测，光子的偏振方向就决定下来了，这两个光子的偏振方向必定是相互垂直的，这就是纠缠态。

他的这个实验结果大幅度偏离了贝尔不等式，用激光做光源，效果果然很好，达到了9倍的误差范围，比当年的克劳瑟获得的数据高了好几个等级，这第一步成功了。

第二步就需要利用双通道的方法来提高光子的利用率，减少前人实验中的所谓"侦测漏洞"。这个实验也大获成功，最后以40倍于误差范围的偏离，违背了贝尔不等式，再一次强有力地证明了量子力学的正确！结结实实地打了爱因斯坦的脸。

第三步呢，要玩一个当时最新鲜的东西，叫作"延迟决定"。所谓的延迟决定实验，就是要彻底断绝两个光子之间暗通消息的可能性。万一两个光子之间能够暗通消息，那么这个实验从逻辑上讲就有漏洞了。按照量子力学的原理，量子纠缠是不依赖信号传递的，也没有任何办法可以屏蔽。所以，贝尔就给阿斯派克特出了个主意。你设定好了两个偏振片，然后等着两个光子飞过去，那说不定就有机会给两个光子暗中通了消息。我们知道，信息传递的速度上限是光速，那么好办了，先把两个光子的距离拉开。两个检偏器离开了13米，两者假如能通过某种方式暗地里通信，需要跑40纳秒，最快的速度是光速嘛。我们再加个可以瞬间改变的偏振片，随机改变偏振片的方向，花的时间只要10纳秒。估算一下时间，两个纠缠光子已经各奔东西了，飞到闸门前面，闸门瞬间改变方向，那么两个光子要想临时串通已经来不及了。假如在这么苛刻的情况下，两者仍是产生相反偏振的，那么就说明，它们肯定不是靠传递信息来保持偏振方向相互垂直的，而是靠量子本身的特质。

再说得通俗一点儿，两个双胞胎，据说有心灵感应，那么就需要设计一个没有漏洞的检测方式。首先要两个人严格隔离，而且离得够远，防止两个人传纸条打手势作弊。考试题目都是随机出的，而且两个人提问回答速度要快，快到他们想传递消息，时间都不够用。假如他们俩的答案总是一致，就说明他们俩真的有心灵感应。如果他们俩手忙脚乱的，互相对不上茬儿，就说明他们俩没有心灵感应，过去的心电感应是靠作弊，这就是延迟决定的原理所在。

他们做实验的时候，也做了一边放偏振片，一边不放的情况，还做了不放偏振片的情况。反正各种可能都考虑到了。最后得到的结果仍然是不符合贝尔不等式，爱因斯坦错了。

这基本上判了爱因斯坦理论的死刑。大家现在普遍认为量子力学是完备的。但是因为阿斯派克特的实验也还不算是完全没有漏洞，隐变量的理论还没彻底死透。到现在，大家仍然在不断寻找更加严密的贝尔实验的方式，直到最近才完成了接近无漏洞的贝尔实验。但是这个所谓的无漏洞，非要鸡蛋里挑骨头也还是能挑出来毛病的。实验物理学家们还会再接再厉把这个实验做下去。

讲到延迟决定实验，那可不是贝尔和阿斯派克特首先想出来的，而是哥本哈根时代最后一位物理学大师约翰·惠勒（图21-8）提出来的。这个惠勒是美国人，20世纪30年代在玻尔的哥本哈根理论物理研究所里待过，而且跟玻尔一起用液滴模型解释了核裂变的原理。后来回到美国，参与了原子弹工程。他是费曼的老师，其实他仅仅比费曼大7岁。他还是基普·索恩的老师，基普·索恩搞出来虫洞，也有老师惠勒的贡献。惠勒一开始不相信有黑洞存在，奥本海默拉着惠勒一顿解释，他恍然大悟，立刻变成了黑洞理论的支持者，黑洞这个名字就是他起的。

图21-8 约翰·惠勒

惠勒后来支持年轻的学生贝肯斯坦提出黑洞表面积跟熵之间的联系，他们认为黑洞表面积就是熵。一开始霍金还不同意他们的观点，但是后来脑袋凉快下来，霍金转过弯来了，仔细研究下去果然发现，黑洞是有熵的，黑洞是有温度的，黑洞会发出辐射，这就是所谓的霍金辐射。

艾弗雷特也是惠勒的学生，他在惠勒指导下做的博士论文提出，与宇宙平行的量子结构正在无止境地分裂着。惠勒称这个想法为"多世界"，而这个理论也成了无数宇宙学家和科幻小说作者的最爱。惠勒很喜欢和年轻人一起搞研究，他非常支持年轻人的疯狂想法，黑洞、虫洞、量子泡沫、平行宇宙这些都很疯狂。费曼评价他的老师惠勒：惠勒一直很疯狂。

总之，惠勒是个非常好的老师，他跟爱因斯坦的私交很不错，爱因斯坦比惠勒大32岁，可以算是忘年交。1976年，惠勒从普林斯顿大学退休，后来去了德克萨斯大学。年岁大了，不可能再像年轻时候那样冲锋陷阵了。人老了难免喜欢回忆过去，爱因斯坦很沮丧，有一次他甚至问惠勒，如果人们都不去看月亮的话，那月亮还会不会在天上？爱因斯坦和玻尔的争论，一直萦绕在惠勒心头，盘桓不去，他开始思考量子力学的最根本的问题了。

1979年，爱因斯坦诞辰100年的纪念研讨会上，惠勒做了发言。他提出了延迟选择实验。这个实验其实是双缝干涉实验的变形。惠勒用半透明的镜子代替了双缝，如图所示（图21-9）。

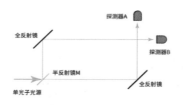

图21-9 延迟选择实验
不放进末端半反射镜的情况，单光子要么走上面的光路，要么走下面

光子要么被反射，要么穿过去，几率是一半对一半。然后再加两个全反射镜，分别调整两条光路，后边摆两个探测器，一个光子一个光子地发出去。要么被反射，探测器A接收到一个光子；要么透射过去，探测器B接收到光子。反正一个个的光子发出去，总归是一边一半。探测器A和探测器B各接收到了一半光子。

假如在光路的末尾，两个光路交汇的地方再插一个半反射的镜子，使得两路光产生波的干涉。只要仔细调整两个光路的距离，就可以使探测器B永远收不到粒子，因为两束波相互抵消了，而探测器A每次都能收到粒子。这种事情是真的可以发生的，单光子同时跑过两条光路，自己与自己发生了干涉（图21-10）。

图21-10 延迟选择实验
加入末端半反射镜，光波将出现干涉现象

接下来的事更加毁三观。惠勒提出玩个延迟决定，加入第二块半透镜，我们可以临时决定这第二块半透镜是否放进光路里面。一个单光子已经跑出来了，我们掐表计算时间，估摸着已经跑过了路程上的半反射镜M，跑过全反射镜就快到末端的探测器了，这时我们突然把第二块半透镜插进去，会出现什么现象呢？按照哥本哈根学派的理解，这事就变得很诡异了。我们不插第二块半透镜，那么光子应该是随便选了路径A或者路径B。假如我们插了第二块半透镜，那么单光子就应该同时跑过了路径A和路径B。假如我们戏弄一下光子，光子快跑到了，突然把半透镜插进去，光子瞬间随机选一条路，突然变成了同时通过两条路。假如光子跑回去重新跑一次，时间是不够用的。现在的计时精度是非常高的，我们可以判定，光子没有折返回去重新跑，而是瞬间改变了自己的行为模式。

惠勒的这个实验是个思想实验，但是有实用性。这个实验是可以在现实世界里做的。5年之后，马里兰大学的卡洛尔·阿雷和同事做了延迟实验，验证了惠勒的设想，与此同时，慕尼黑大学也得出了类似结果。所以我们现在知道了，量子世界的事真不能拿宏观世界的经验来生搬硬套。

图21-11 类星体0957+561A和B

就在1979年，天文学上有了一个非常大的发现。在遥远的宇宙里，发现了两个类星体0957+561A和B（图21-11）。这两个类星体简直是紧挨在一起，而且光谱完全一样，亮度完全一样，看上去怎么都是同一个家伙的两个分身。现在基本确认，这两个类星体其实是同一个，离我们有87亿光年之遥。但是在37亿光年的地方，有一个星系也被观测到了。遥远的类星体发出的光在路过中间这个星系的时候，因为巨大的引力，光线发生了弯折，导致我们从地球上看起来，像是两个类星体。一个引力透镜现象把遥远的星光劈成了两束。太好了，就用这个天体来当光源，用这个光源来玩一把延迟选择实验。要知道，87亿光年啊，半透镜一插进去，光子不远万里飞到地球，难不成穿越回去重新飞一遍？要是这个实验也符合哥本哈根学派的解释，那么就不得不令人叹为观止。

引力导致光线偏移是广义相对论的范畴，用广义相对论的现象来验证量子力学，不得不说是个非常绝妙的主意。广义相对论只能靠天文观测，在实验方面不占优势。量子物理的优点就是可以做实验，而且精度很高。在对撞机雷霆万钧的巨大能量面前，微观世界的那些硬核桃终将被砸碎，把内部的秘密——暴露在人类面前。一台雷霆万钧的对撞机加上一位霸气外露的掌门人，这将是什么样的奇妙组合呢？历史就是这么有意思，这个掌门人偏巧还是个华人。

22.夸克理论的成功

我们话分两头，20世纪60~70年代正是强子内部结构被发现和揭示的时代。夸克模型已经比较完善了，的确可以解释非常多的问题。但是如何证实夸克存在呢？没别的办法，只有大锤砸核桃，靠对撞机用蛮力给撞开。可即便如此也没办法探测到单独的夸克，夸克总是结伴而行。当然，还有很多人在想别的办法验证夸克理论。人们用海水和陨石做实验，或者去探测宇宙射线，希望能找到夸克存在的证据，说到底只能依靠间接证据。然而各种尝试最终都归于失败，还是砸不开这个硬核桃。

图22-1 斯坦福直线加速器

1967年，美国斯坦福大学直线加速器中心(SLAC)建成一座长达3000米的电子直线加速器（图22-1），可使电子加速到20G电子伏特。这个加速器是直属美国能源部的，能源部管的事可多了，连核弹研发都归能源部管理。这个项目1957年开始酝酿，1961年终于获得美国国会批准，1962年7月开始建造，1966年2月加速器和实验区完工，1967年9月按计划不超支顺利完成建设，成功获得20G电子伏特的电子束流。

科学家们用这座加速器产生的电子来探索质子和中子的内部结构。这台进行深度非弹性电子质子散射的实验得到了意想不到的结果。费曼刚好提出了"部分子"模型，按照这个模型，完全可以解释实验的结果。费曼用部分子模型来揭示质子、中子内的结构。后来大家仔细对比了部分子模型和夸克模型，发现这两个是一回事，难怪费曼跟盖尔曼互相不服气。电子打进强子的内部，被反弹回来，看看反弹的规律，就可以分析出内部的结构。夸克理论表现还是蛮成功的。

现在夸克理论可以成功解释一大堆的各种各样的强子，大家未免都觉得有点沉闷。为啥呢？因为没有意外出现，也就意味着也没有惊喜。实验物理学家跟理论物理学家是不一样的，他们巴不得有新鲜的玩意被发现。很多的强子寿命都很短，大多数只有10^{-16}秒。各大加速器都在不断地撞啊撞啊，继续撞，但是好像也没啥新鲜东西被发现。从20世纪60年代末到70年代初，一直是这个局面。突然，在1974年，有两个小组都观测到了有很大而且很重的粒子，这是意外的收获，沉闷的气氛一下子被打破了。他们到底发现了什么？又是谁发现的呢？这可说来话长了，有一位实验物理的大牛即将横空出世，他从电子半径下手，一举奠定了自己在物理学界的地位。

1948年，费曼、施温格、朝永振一郎在计算量子电动力学的时候有一个重要的假设，电子是没有体积的，但是这个假设遭到了挑战。20世纪60年代初期，哈佛大学有一个小组，这个组的主持人叫弗兰克，是很有名的科学家。他做了一个实验测量电子半径，发现电子是有半径的，在$10^{-13}\sim10^{-14}$厘米之间。没多久，康奈尔大学一个很有名的队伍也发现了同样的结果。两个不同的实验得到同样的结果，这可要麻烦，这不是要挖量子电动力学的老根吗！

一个年轻人来到了德国，他在美国刚刚读了个博士学位，正好拿到福特基金会的奖学金，就来到了欧洲核子研究组织工作。他就想，是不是能再次测量电子的半径。在瑞士日内瓦，他显得形单影只，想搞这个实验的就他一个人。他决定去问问美国同行，看看能不能得到某种帮助。美国人说，来我们这里搞是可以的，丑话说在前头，没钱！因为你从来没有做过实验，别人也不了解你，不能提供经费支持。他又去问德国人，德国人说行，你来吧，我们给钱，而且当时德国的加速器还很大。这个年轻人就去了德国汉堡的电子同步加速器实验室（图22-2）。

图22-2 德国电子同步加速器实验室

他叫丁肇中，原籍山东日照。他父母去美国讲学的时候，母亲因意外早产，生下了他，因此丁肇中意外获得了美国的入籍资格。长大以后，他在美国求学，博士毕业以后到了欧洲。他的第一个重要的实验就是这个测量电子半径。怎么测呢？有办法的。一个不规则的图形，我们该怎么测量它的面积呢？如果毛估一下的话，可以均匀地撒上一堆小豆子，看看落在图形里面的有多少，落在外面的有多少，两相对比，就把比例算出来了，那么就可以大致算一算不规则图形的大小。测量质子、中子的半径就可以照方抓药。

我们测量质子之类的核子的大小，通常都是拿电子当炮弹去轰击质子，一顿轰，然后看看什么都没碰上的有多少个，被弹开的有多少个。那么计算一下概率，就可以毛估一下粒子的直径。当年发现原子核，不就是用这个办法嘛！但是电子太小了，你不能拿别的粒子来轰击电子，必须另外想一个办法。那么就只能还是拿电子去轰击，看看电子如何被反弹出来，也可以反推电子直径。

丁肇中去了德国，在德国干了8个月，终于把实验结果干出来了。在20GEV下，测得的电子半径小于10^{-15}cm，而在60GEV下，测得的电子半径要小于10^{-16}cm。反正能量越大，测量的数值就越小，你也可以理解为越准确。按照丁肇中自己的讲法是找不到电子的半径。可是我们知道，电子是有个"经典半径"的，那是根据经典力学和相对论计算出来的半径，根据静电势能通过质能方可以计算出电子的经典半径是2.8飞米（飞米=10^{-15}米）。另外还有康普顿半径，是根据康普顿电子散射实验计算出来的。电子半径就是散射波长，大约是1000飞米。这几种半径，含义是不一样的。

我们的宏观世界里面，任何东西都是有明确边界的。摸摸桌子椅子，都是硬邦邦的，在微观世界则不是这样。我们触摸到的所有感受，都是电磁力在起作用。电磁力是按照平方反比规律衰减，找不到一个明确的边界来划分电子的半径到底在哪里。丁肇中用实验的办法确定了电子最起码不会比10^{-16}厘米大，甚至还要小得多。更重要的是，现在的理论认为电子、夸克都是没有结构的、不可再分的基本粒子。如果可再分，那么必定有内部结构。质子、中子是有内部结构的，因此它们有半径，这个半径也就是内部的基本粒子相互作用的范围。两相对比，我们也能理解为什么基本粒子没有半径。

有了这个实验结果，量子电动力学算是稳住了阵脚。这是丁肇中第一次崭露头角，显示出了他在实验物理方面的锋芒。他后来讲述这段历程的时候，提到了他的感想："不要盲从专家的结论。我没有做实验以前，都是世界级的专家在做这个实验。"似乎每个功成名就的科学家总是会发出这样的感慨，听多了也难免变成心灵鸡汤。但是真要做到，那可是很难很难。

第二次丁肇中大显身手，困难可就大多了。当时已经提出了夸克理论。大家都知道，现在有三种夸克，上夸克、下夸克、奇异夸克。物理学界普遍认为奇异夸克应该还有个伙伴，名字叫"粲夸克"。不过这个粲夸克不太好找，粲夸克只存在于强子内部，外边没有，不论是布鲁克海文国家实验室，还是斯坦福的加速器，都在追求高能级的实验，实验检测与设备也必须有很高的灵敏度，否则那些稍纵即逝的微小粒子是无法被发现的。

实验的过程相当艰难，丁肇中后来回忆，1972年美国布鲁克海文国家实验室接受了他们的实验请求，为了能从100亿个已知粒子中找到一个新的粒子，这个实验碰到了几个难点。必须每秒钟输入100亿高能量的质子到探测器上，这么多的质子灌进探测器所产生的放射线会彻底破坏探测器，对工作人员也非常危险，因此必须发展全新的、非常精确的、在非常高的放射线下能正常工作的全部仪器。必须设计安全的屏蔽系统，需要5吨铀238，100吨铅，5吨肥皂。肥皂是个非常特别的实验器材，没听说过实验需要肥皂的，丁肇中就用到了，主要是防止中子辐射。

这种大海捞针一样的实验要花很多时间和人力，大家一干就是两年。他们发现了一个寿命特别长的粒子，比别的粒子寿命长一万倍。这种新粒子的发现证明了宇宙中有新的物质存在，它们是由新的夸克组成的，丁肇中把它命名为"J粒子"。有人说丁肇中的姓氏是"丁"，这个大写的"J"长得很像"丁"。这么说也不能算错，的确长得像，但是起源并非如此。字母K已经用过了，有K介子。索性选前面的字母J，而且J可以代表很多的物理含义，比如电流、光，这是个很不错的选择。

就在丁肇中他们宣称发现新粒子的同一天，远在美国加州那边的斯坦福也传来好消息，李克特他们声称发现了一种ψ（音：普赛）介子，两边的团队都吓了一跳，这也太巧了。两边的人一沟通，你们发现的这个粒子有什么特性啊？数据拿过来一比对，两边都傻眼了，这分明就是同一种粒子。但是叫谁的名字比较好呢？大家觉得随便叫哪边的名字都对另外一方不公平，因此最后就叫"J/ψ粒子"，两个名字混着来。不过我们中国人肯定喜欢叫"J粒子"。

J粒子的存在，跟粲夸克是有直接关系的，基本上也就抓到了粲夸克。但是两个团队都不是奔着粲夸克来的，都是大海捞针一样碰上了。后来丁肇中和李克特分享了1976年的诺贝尔物理学奖，还有美国政府的劳伦斯奖。

可贵的是，丁肇中在获得诺贝尔奖的领奖台上，用的是中文发言，这是中文第一次出现在诺贝尔奖颁奖现场。丁肇中说，他得到诺贝尔奖是一个科学家最大的荣誉，他是在旧中国长大的，因此想借这个机会向青年们强调实验工作的重要性。中国有一句古话：劳心者治人，劳力者治于人。这种落后的思想对发展中国家的青年有很大的害处，由于这种思想，很多发展中国家的学生都偏向于理论的研究，而避免实验工作。

后来丁肇中在回忆这一段的工作时也很感慨。要对自己有信心，做你认为正确的事，不要惧怕困难，不要因为大多数人的反对而改变。同时，决策机构要给优秀的年轻人机会。

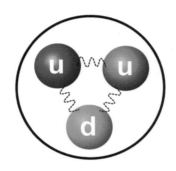

图22-3 一个质子是由两个上夸克及一个下夸克所构成

丁肇中在实验物理学家之中是神一般的人物。他参与的大型实验从无败绩，所以在世界上说话还是很有分量的。20世纪70年代末，我国打开国门与世界接触，由唐孝威带队，我国的一个科学家小组来到了德国电子同步加速器实验室，参加了丁肇中的MARK-J实验，就是以前丁肇中搞电子半径的那个实验室。这个实验室还在找电子半径，看看能不能搞得更加精确。丁肇中的实验团队是好多国家的科学家共同组成的，在实验过程中发现了胶子。我们以前讲过，电磁力是交换虚光子产生的，因为光子寿命长，跑得远也没关系，因此电磁力作用距离很远。但是原子核里面的强力就不一样了，夸克间的作用力就是靠传递胶子来完成的。胶子、介子这种粒子普遍寿命都极短，因此跑不了多远就不行了，因此强力是个短程力，范围很小。

现在一个奇怪的问题又摆在面前了。一个质子是三个夸克组成的（图

22-3），夸克之间靠胶子的传递强力把大家黏在一起。可是这三种夸克都很轻，胶子根本没有质量，加起来离质子的质量差得远。加上希格斯机制产生的质量，也是微乎其微。剩下95%的质量跑哪儿去了？答案是能量！剩下的质量其实是由蕴含的能量表现出来的。最近科学家们用超级计算机模拟了质子、中子、原子核里面的状况，夸克和胶子的移动与相互作用是质量的大部分来源，从侧面验证了爱因斯坦的质能方程的正确性。时间已经过去100多年了，过去用量子色动力学来诠释质能方程总是遇到困难，现在这事总算是搞定了。

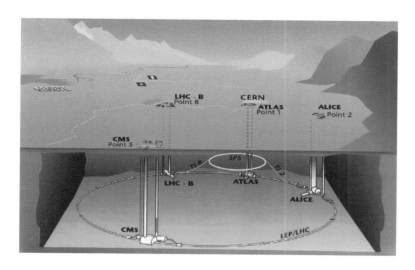

图22-4 大型强子对撞机轨道穿越法国与瑞士的边界

后来我国的科学家还参加了欧洲核子研究组织的L3工作。这个加速器轨道长27千米，能量高达1300亿电子伏特（图22-4）。目标是模拟宇宙大爆炸的状况，也是宇宙诞生最初的1000亿亿分之一秒时的温度。用到的磁铁是一万吨，探测器包括300吨铀，均来自苏联。丁肇中是总负责人。这项由14个国家的460多位物理学家和600多位工程技术人员参加的实验，共有4个巨型探测器，这些探测器不仅物理设计构思复杂新颖，而且所需的原材料都没有成品，为确保实验成功，丁肇中从领导科技人员研制探测器开始，便年复一年地在世界各地奔波。

探测器设计出来以后，丁肇中和他的合作者们首先遇到的问题是：大量的锗酸铋晶体从哪里来？当丁肇中了解到苏联有氧化锗，中国有氧化铋，上海硅酸盐研究所有可能研制出大量锗酸铋晶体。他当即飞往苏联带上氧化锗，再飞到上海，帮助硅酸盐所研制出大量合格的锗酸铋晶体。又如L3实验用的u子探测器，它的主要部件是在美国的波士顿制造，激光校正系统在瑞士制造，强子量能器则由苏联、中国和美国科学家共同设计。在它们的研制过程中，丁肇中也倾注了大量心血。

L3实验共发表了271篇文章，有300人获博士学位，实验结果可以用三句话来表达：只有三种带电轻子（电子、μ子、τ子）；带电轻子是没有体积的，轻子半径小于10^{-17}厘米；夸克也是没有体积的，夸克半径小于10^{-17}厘米。

正因为丁肇中工作能力超强，工作要求极高，号称"科学沙皇"，因此有非常强的气场，堪称霸气外露的类型。2005年，原本说好了支持丁肇中的美国航空航天局（NASA）突然变了卦，他们的兴趣点转移到了人类登陆火星的项目上，别的项目拨款自然就少了，大家也没办法，只有勒紧裤腰带过日子。但是丁肇中不管那些，他直接指着NASA的鼻子尖说："这个决定是错的！"他负责的探测暗物质的项目与人类登陆火星并不矛盾，都应该给予支持。

丁肇中后来表示，当时有科学家想向媒体揭露此事，被他阻止，他说："科学研究是多数服从少数。少数人把大家的错误认知推翻，科学才能走下去，因此不可受大众影响。"他告诉同事们："别对媒体发表争论，只要我们是对的，别人会慢慢转变观念。"

大科学工程时代，搞科研花的钱都是国家拨款，少不得要争取公众与媒体的支持。但是丁肇中在这个问题上的态度让人敬佩，他没有利用媒体和公众的情绪，而是保持了理性，把矛盾和分歧局限在专业领域，这和某些人在媒体上调动水军互相攻讦形成了鲜明的对比。

几年后，美国国会通过法案，不需经总统同意，NASA需继续执行寻找暗物质计划，可见丁肇中的威望之高。他主持的大科学工程都是成功的，这也积累了良好的口碑。

时至今日，各种探测器的造价越来越高，对撞机越做越大。要想验证更加复杂的弦理论或者超对称，现有的大型强子对撞机仍然不够用，或许要银河那么大的对撞机才够用。这样的机器，人类恐怕没办法造。我们的探测手段总有个上限，如今人类正在一步步地向极限迈进。推进到极限，那就绕不开四种基本相互作用的融合与统一，这也是物理学家的一个梦想。在1979年，也就是惠勒提出延迟选择的那一年，有三个人因此获得了诺贝尔奖，他们朝统一的方向迈出了坚实的一步（图22-5）。

图22-5 1979年诺贝尔物理学奖得主：格拉肖、萨拉姆、温伯格

1979年，这一年的诺贝尔物理学奖最终颁发给了三个人，他们最重要的贡献是实现了弱电统一。我们知道，电磁力和弱力长得实在是不太像。电磁力是个长程力，作用距离很远，而且电磁力是比较强的力量。可是弱力就不同了，弱力真像它名字描述的那样，非常微弱，而且作用距离很短。我们宏观世界能够看得见摸得着的这些东西，是依赖于电磁力的作用。光属于电磁作用，弹力和摩擦力也是电磁作用，可以说是电磁作用给了我们踏实的感受，看得见也摸得着。弱相互作用可就不那么贴近生活了，通常放射性物质的衰变，靠的就是弱相互作用。这两种作用相差太大了，几乎没有什么相似之处。

但是事情没有那么简单，杨振宁和李政道发现了弱相互作用下的宇称不守恒，而且不久以后，就由吴健雄做实验给予证明。科学家们非常喜欢的对称，现在看来被打破了。后来大家又提出了新的理论，宇称P不守恒。但是如果把电荷共轭C考虑进去，这两个综合在一起，就是守恒的。这个电荷共轭C负责把粒子转换成反粒子，也叫符合对称CP守恒。但是很快就出麻烦了，1964年的一个发现完全出乎物理学家们的意料。詹姆斯·克罗宁与瓦尔·菲奇发现了K介子衰变，这为弱相互作用下CP对称破缺提供了明确的证据，二人因此获得1980年的诺贝尔物理学奖。这个所谓的CP破缺很重要，因为很有可能揭示为什么我们的宇宙里面正物质到处都是，可是反物质却那么难搞，为什么我们的宇宙如此的不平衡。

早在1956年，施温格就开始考虑弱电统一的问题。看起来，弱相互作用和电磁作用有某种相似性。1957年，施温格写了篇论文，描述弱相互作用是由两种矢量玻色子和光子来传递的，这两种矢量玻色子和光子是一个家族的成员，但是预计这两种玻色子都很重，光子却没有静态质量，怎么看都不像是一家人。所以他的理论不太成功，有明显的缺陷。施温格就把这事交给了他的学生格拉肖，你要是有兴趣就去研究吧。他也没想到，后来格拉肖因此拿了诺贝尔奖。

格拉肖1958年发表论文，认为弱电统一必须以杨-米尔斯规范场理论为基础，他在这篇论文里面还认为自己解决了规范场的重正性问题。格拉肖后来到英国讲学，做了一个相关的学术报告，这场报告的听众里有一位从巴基斯坦来，他叫萨拉姆。这个萨拉姆也在做和格拉肖一样的事，也是受施温格的启发才做这件事的。他正在为规范场的几个发散性问题头痛，所谓重正化就是为了解决这个问题。所以萨拉姆一听说格拉肖搞定了，立马来了精神。后来他搞到格拉肖的论文一看，这哪是搞定了，明明有错误！这儿错了，还有那儿也错了，闹得格拉肖弄了个大红脸，面子上实在是挂不住。

格拉肖后来咬牙发狠，非要把这东西搞出来。过去不是有三个粒子是同一家族嘛，两种玻色子和光子，其实这三种粒子是同一个矢量玻色子的三重态。现在格拉肖一不做，二不休，又引入了一种中性的矢量玻色子叫B，这样才能消除那些该死的无穷大，这是一种全新的弱相互作用。不过他的想法大家并不认可。你怎么能随便往里加粒子啊，还嫌不够麻烦，这种粒子有没有还另说呢，再说你现在的理论也仍然是不可重正化的呀。格拉肖想综合量子电动力学和规范场两种理论，可是电磁作用宇称是守恒的，弱相互作用的宇称不守恒，这玩意怎么能捏到一块去呢？格拉肖1961年又写了论文，继续讨论弱电统一的问题，他的好同学温伯格也开始关注弱电统一问题。温伯格跟格拉肖是中学同学，两个人又一起考上了康奈尔大学，可以算是发小了。

温伯格介入弱电统一的问题不算早，大约是1965~1967年介入的。他最大的贡献是把强相互作用的办法弄过来搞弱相互作用，弱相互作用和电磁作用就可以在规范对称性的思想之下统一描述了。那么还有个麻烦，为啥中间玻色子和光子的质量相差那么大呢？温伯格解释为这是希格斯机制造成的。温伯格对外公布了他的研究成果，正在英国的萨拉姆也差不多得到了相同的结果。格拉肖和温伯格是高中同学，但是他很不喜欢希格斯机制，说那是温伯格的"厕所"。假如说弱电统一是一座宏伟的大厦，这个温伯格的厕所还真是缺不得。

光有理论不行，还需要实验验证。弱电统一理论的神奇之处是预言了中性流。1973年，在欧洲核子研究组织的实验物理学家分析了两年中拍摄的140万张云室照片，终于发现了3个这样的例子，从而证明了纯轻子的弱相互作用中性流的存在，这下有证据了。所以1979年的诺贝尔物理学奖就给了温伯格、萨拉姆和格拉肖，他们对弱电统一做出了重要的贡献。这事还不算完，他们预言的那几个粒子还没找到呢。当时的加速器能量都不够用，那没办法，必须升级改造机器，而且要少花钱多办事。假如坐等建造新的大型对撞机，那要等到猴年马月，岂不是黄花菜都凉了。

中国人有句话，有条件要上，没有条件创造条件也要上。老外也深谙此道，领头的叫卢比亚，他领着人把超级质子加速器（SPS）改造成了一台质子与反质子的对撞机。后来又经过一年多的努力，使亮度提高了100多倍。从14000次碰撞中，找到5次产生了W粒子的踪迹。这东西产生一次很不容易，能量为81±5GEV，与理论预言完全一致，W粒子终于被他们找到了。1983年1月25日，卢比亚他们正式发布了关于发现W粒子的消息。这年

5月，卢比亚他们又找到了所谓的Z0粒子，这个Z0粒子就是格拉肖说的那个B粒子。6月，找到Z0粒子的消息正式公布，它们的质量也完全符合理论预言，卢比亚就拿了1984年的诺贝尔奖。你看，弱电统一理论这就拿了两个"炸药奖"了。

弱电统一理论是个重要的理论，因为它向统一之路迈进了一大步。尽管这个理论并不像当年麦克斯韦合并电与磁的时候干得那么漂亮，但也很难得了。在这个基础上，大家慢慢搭建起了一套标准模型框架，强力、弱力、电磁力都可以得到解释。

希格斯场如何赋予传播子和费米子质量呢？这只能打个比方来描述。一位人气明星出现在大庭广众之下，粉丝们疯狂地冲过去围着明星要签名，里三层外三层围得水泄不通。这位明星想走得更快非常困难，想停下来更困难，被一大群人裹挟着，运动状态不易改变，这就是惯性！明星的惯性看上去是很大的！但是旁边的普通人，压根儿没人搭理，行动坐卧悉听尊便，就好比是很轻的东西惯性非常小。质量与惯性大小成正比。

但是前面我们已经讲过，在核子内部，夸克胶子这些东西外加希格斯机制产生的质量都是很小的，大部分质量其实来自于胶子夸克的运动蕴含的能量。能量和质量其实是一码事。

那么如何验证希格斯场呢？这个希格斯场受到激发会出现希格斯玻色子，假如探测到希格斯玻色子，就说明希格斯场是存在的。

2013年，欧洲核子研究组织宣布大型强子对撞机已经发现了希格斯玻色子。希格斯老头子当时已经垂垂老矣，终于在有生之年拿下了诺贝尔物理学奖。此时距离希格斯玻色子的提出，已经过去30年了。

标准模型预言了62种粒子。

一、13种规范粒子

传递强相互作用的媒介：8种胶子

传递弱相互作用的媒介：中间玻色子W+、W−、Z0

传递电磁作用的媒介：光子

传递万有引力的假想粒子：引力子（不确定）

二、特殊粒子一种

特殊粒子一种：希格斯粒子

二、夸克36种

6种味道：上夸克、下夸克、粲夸克、奇夸克、底夸克、顶夸克

3种颜色：红、黄、蓝

相乘一共18种，加上各自的反粒子，一共36种。

三、轻子12种

带电轻子3种：电子、μ子、τ子

对应的中微子：电子中微子、μ子中微子、τ子中微子

以上6种粒子的反粒子，一共12种。

随着希格斯玻色子被找到，整个标准模型算是圆满收官。引力子暂时还没有着落，因为引力仍然无法成功量子化。也许随着对引力波的研究日益深入，会发现若干线索。

不过也有让标准模型吃瘪的时候。按理说中微子是不应该有质量的，标准模型算出来就应该是这样，可是日本超级神冈中微子探测器发现，中微子会发生震荡现象，说白了就是中微子一边跑一边在来回变身。中微子有好几种，在飞的过程中不断转换种类，这叫中微子震荡现象。这说明，中微子的质量虽然极小极小，但是并不为零，标准模型不得不打补丁解决问题。标准模型的优点是好用，现在大部分观测结果都跟标准模型的预言一致。但是有很多科学家认为标准模型长得太难看了。为了解释三种粒子的行为，搞出来60多种粒子，这已经够难看了。它统一三种力的方式也太过简单粗暴，好比把羊驼、黄花鱼和小强拿胶水黏在一起，就说这是大自然的杰作。但是，你不服不行，人家就是好使。但是大家仍在寻求更加优美的理论。

大统一理论是标准模型的升级版本。所谓的大统一理论是彻底把强力、弱力和电磁力完全统一起来，并且用一套单一理论来表达。大统一理论是迈向万有理论的踏脚石，现有的大统一理论还有种种缺陷，比如说，有不少理论都预言质子是会衰变的，背后的理由是重子数不守恒。要是重子数守恒，就没办法解释为什么现在正物质这么多，反物质根本看不到的现象。可是质子衰变谁都没观察到，好像质子的寿命是寿与天齐。还有一个预言是应该存在磁单极子，但是现在也没有人观察到这个迹象。

比大统一理论更进一步的理论叫作万有理论。所谓万有理论就是把四种基本的力全都统一起来，包括引力在内，统一成一套理论，这就更难了。当年爱因斯坦就曾经想搞出万有理论，当然，他只考虑电磁力和引力，这两者就难以统一，他后半辈子也没搞定。他号召物理学家把电磁场几何化，就像他对引力做的那样。他把引力解释为空间弯曲，这是一种几何效应。电磁场能不能几何化呢？还真有人响应他的号召。数学家外尔就响应他的号召投身研究。当时还名不见经传的卡鲁扎（图22-6）曾经寄给爱因斯坦一篇论文，其中就提到了第五维。现在四维时空里面，电磁力和引力没法统一，但是加个维度，似乎就能把这两者都糅合在一起。不久以后，玻尔的助手克莱因又在这个基础上更进了一步。我们为什么没感觉到第五维的存在呢？那是因为第五维太微小了，而且卷起来了，所以感觉不到这个额外的维度。再加入几个维度，麦克斯韦场就会变成杨-米尔斯场。克莱因的思想没有被发展下去，这是二战给闹的。

图22-6 卡鲁扎和克莱因

爱因斯坦的广义相对论建立在黎曼几何的基础之上，但是你也不能仅仅停留在黎曼几何的阶段，总要研究点儿"后黎曼"时代的几何学。爱因斯坦就向数学家们发出呼吁，现在数学工具不够用了，大家想法子解决问题啊。好多数学家开始研究"联系理论"，包含"扭转"、"扭曲空间"之类的数学理论，不过这些东西一时半会儿是用不上的。

图22-7 爱因斯坦

大家还记得爱因斯坦伸舌头的那张照片吧，一副老顽童的架势（图22-7）。就在爱因斯坦拍摄这张照片的那年，1951年，一个小娃娃出生了，他叫威滕，他父亲是研究广义相对论的教授。威滕大学毕业以后，曾经参与民主党总统候选人麦戈文的竞选工作，但是麦戈文败给了中国人民的老朋友理查德·尼克松。

威滕觉得自己还是干物理算了，政治不适合自己，他杀向了物理学。结果证明他的选择完全正确，他的才华充分发挥出来，犹如黄河泛滥，一发不可收拾。他21岁进了普林斯顿的研究生院，29岁就当了普林斯顿的教授。1984年11月，威滕做了个报告，这个报告超级火爆。后来人们回忆当时的场景，把它称为"第一次超弦风暴"，超弦理论红火了好一阵子。到了20世纪90年代，弦理论开始降温，但是威滕获得了数学最高奖项菲尔茨奖，这个奖第一次颁发给了一位物理学家，表彰一位物理学家在数学上的贡献，这是极其罕见的。

弦理论描述了一个高维空间，维度已经突破两位数了，基本路数就是从当年克莱因那儿来的，也大量使用了爱因斯坦呼吁数学家们研究的"后黎曼"几何学。但是这个理论的缺陷也很明显，那就是没办法做实验，除非再来一次宇宙大爆炸，要不就造个银河一样大的对撞机，那显然是做不到的。威滕最近还亲自往中国跑，就是为了造更大的对撞机。杨振宁还发文陈述了反对造更大的对撞机的理由，掀起了一场网络大讨论。不喜欢弦理论的人也很多，格拉肖就不喜欢弦理论，他曾经阻止哈佛聘用弦理论专家，结果没能拦住。那好吧，格拉肖自己扛着包袱走人，他干脆不认为弦理论属于物理学。

超弦仍然是万有理论的一个候选者，它也非常迷人，但是终究需要去验证，否则也就不叫物理学了。物理学已经逼近了人类认知的极限，低处的果子都摘完了，高处的果子要摘，恐怕要付出比较大的代价。

如果将来真的能发展出一套万有理论，恐怕物理学家们都没事干了。这种职业恐慌20世纪初曾经有过。但是谁都没想到，伴随而来的是一场深刻的物理学革命，这一场革命来得太迅猛，使得20世纪的物理学完全毁掉了大家的"三观"，而且把这些知识的相关技术应用甩得老远。爱因斯坦的相对论唯一的应用是在卫星导航领域，生产和生活的其他方面一概用不上。量子力学的应用倒是比较广泛，毕竟半导体、新材料都要依靠这些基础理论，但是即便是最近很火的量子加密通讯，运用的理论也已经有几十年历史了。说白了，基础理论跑得快了点，应用方面跟不上了。

另一方面，物理学家们的心情总是充满矛盾。尽管他们很希望实验结果能够符合自己的理论，否则以前的一切全都白干了，但是又希望实验结果最好不要完美符合现有的理论。这些不相符的地方就是今后研究的重要线索，大自然总会给我们人类留下一点儿线索的，否则这个世界将显得那么直白而无聊。

与其说这是一部微观世界的编年史，倒不如说写的是人，那些推动了微观世界认知的人。那些天才一个个横空出世，又一个个悄然逝去，人聚人散，带给我们无限感慨。毕竟有人的地方就有江湖，敢问路在何方？路在脚下。21世纪又会冒出什么样的传奇，我们拭目以待，未来的路还长着呢……